BEI GRIN MACHT SICH IHR WISSEN BEZAHLT

- Wir veröffentlichen Ihre Hausarbeit, Bachelor- und Masterarbeit

- Ihr eigenes eBook und Buch - weltweit in allen wichtigen Shops

- Verdienen Sie an jedem Verkauf

Jetzt bei www.GRIN.com hochladen und kostenlos publizieren

Bibliografische Information der Deutschen Nationalbibliothek:

Die Deutsche Bibliothek verzeichnet diese Publikation in der Deutschen National-
bibliografie; detaillierte bibliografische Daten sind im Internet über http://dnb.d-
nb.de/ abrufbar.

Impressum:

Copyright © 2015 GRIN Verlag, Open Publishing GmbH
Druck und Bindung: Books on Demand GmbH, Norderstedt Germany
ISBN: 978-3-668-12199-7

Dieses Buch bei GRIN:

http://www.grin.com/de/e-book/313311/rekorde-hoechstleistungen-und-bestwerte-
ausgewaehlter-gebiete

10

Unidades .

Wolfgang Piersig

Rekorde, Höchstleistungen und Bestwerte ausgewählter Gebiete

Projektarbeit

Wolfgang Piersig

Rekorde, Höchstleistungen und Bestwerte ausgewählter Gebiete

GRIN Verlag

Rekorde, Höchstleistungen und Bestwerte ausgewählter Gebiete.

Dr.-Ing. Wolfgang Piersig

Berg- und Adam-Riesstadt Annaberg Buchholz

wie auch Geburtsstadt von Emil Heyn – Begründer der Metallographie und Metallkunde

Dezember 2015.

Inhaltsverzeichnis.

Einleitung.

Das vorliegende Werk beinhaltet eine Sammlung von Daten folgender ausgewählter Themen:

die ältesten Kirchen der Welt, längsten und größten Kirchen, größten Kuppeln ihrer Zeit, 20 größten Glocken, größten Millionenstädte, Metropolregionen, 25 höchsten Bauwerke, 25 höchsten Gebäude, höchsten bestehenden Bürogebäude, 25 höchsten Wohngebäude, zehn höchsten Hotels, 50 höchsten Fernsehtürme, 20 längsten Brücken, 25 längsten Hängebrücken, 25 größten Auslegerbrücken und Bogenbrücken, höchsten gebauten Brücken ab 200 m Höhe, bestehenden längsten Tunnelbauwerke, größten Stauseen, höchsten Talsperren ab 240 Meter Höhe, größten Wasserkraftwerke, 25 größten Kreuzfahrschiffe, 40 größten Stadien, zehn größten Fußballstadien, größten Skisprung-Großschanzen, Rangfolge der Skiflugschanzen, größten Normalschanzen, Verkehrsflughäfen – Großflughäfen, 40 höchsten Achterbahnen, größten bestehenden Statuen mit mehr als 50 m Höhe, geplanten höchsten Statuen ab 45 m Höhe, größten Monolithen (im Steinbruch: transportierte, kranbewegte, aufgerichtete, emporgehievte), größten Steinkugeln, optischen Teleskope, Geschwindigkeitsweltrekorde für Schienenfahrzeuge und mehrspurige Fahrzeuge, größten Inseln sowie Deutschlands 20 größte.

Die ältesten Kirchen der Welt. [1]

Die Tafel enthält die ältesten bisher bekanntgewordenen Kirchen der Welt.

Gebaut	Kirchengebäude	Geschichte
ca. 1. Jh.	Unterirdische Kirche Megiddo (IL)	2005 von einem israelischen archäologischen Team unterhalb eines heutigen Gefängnisses gefunden.
< 3. Jh.	Unterirdische Höhlenkirche, Rihab (JO)	Unterirdische Kirche unterhalb der Sankt-Georgs-Kirche (3. Jh.); 2008 von jord. archäol. Team gefunden
3. Jh.	Sankt-Georgs-Kirche Rihab (JO)	??
232	Hauskirche von Dura Europos (SYR)	Dura Europos war damals gr. Stadt im heutigen SYR, ab 1921 ausgegraben von brit., belg., US-am. Team
um 300	Basilika v. Akaba (JO)	Ende 1990er J. entdeckt durch ein US-amerik. Team
um 313	Sophienkirche (Serdica heute Sofia)	Wurde unweit des röm. Amphitheaters der Stadt gebaut, 342 fand da das berühmte Konzil von Serdica statt.
4. Jh.	Rotunde des Heiligen Georg (Serdica h. Sofia)	Sie wurde im 3. Jh. errichtet, als die Stadt als Residenz der Kaiser Galerius (um 250-311) und Konstantin der Große (270/288 bis 337) diente; genutzt wird sie aber erst seit dem 4. Jh. als Kirche.
um 325	Haig Sofia (Konstantinopel heute Istanbul, TR)	Ab 532 neu erbaut, wurde nach islam. Eroberung als Moschee, heute als Museum genutzt.
um 330	Geburtskirche (Bethlehem, West Bank)	Von Konstantin der Große und Helena (248/50- um 330) erbaut, später errichtete da Justyna I. eine Kirche.
um 330	Grabeskirche (Jerusalem, IL)	325 Baubeginn i.A. von Konstantin der Große (270/288 bis 337), Kirchweihe war 335.
um 330	Haig Irene (Konstantinopel heute Istanbul, TR)	Wurde unter dem röm. Kaiser Konstantin I. (270/288 bis 337) als erste Kirche Konstantinopels erbaut.
4. Jh.	Qirqbize (SYR)	Älteste, in Ruinen erhal. Hauskirche i.G. d. Toten Städte.
um 340	Trierer Dom (Trier, D)	340 unter dem Trierer Bischof Maximin (329-346) war Baubeginn der ältesten Kirche Deutschlands.
372	Fafertin (SYR)	Älteste dreischiffige Säulenbasilika i.G. d. Toten Städte.
ca. 435	Hagia Sion (Jerusalem, IL)	Unt. Bischof Johannes II. (um 356-417) gebaut, 614 d. d. Perser zerstört. Eine da im 12 Jh. erbaute Kirche wurde durch Muslime 1200 zerstört. Beim Bau der Dormitio wurden Fundamente der alten Kirche gefunden.
483	Mar Saba (b. Bethlehem, West Bank)	Griechisch-orthodoxes Kloster, zeitweise wohnten da im 7. Jh. 4000 Mönche, heute sind es nur noch 10 Mönche.
548/65	Katharinenkloster (Sinai, EG)	Griechisch-orthodoxes Kloster, ist immer noch bewohnt, seit 2002 ist es Weltkulturerbe.
ca. 5. Jh.	Laurentiuskirche (Imst, Tirol, AT)	Eine der ältesten Kirchen Tirols. Sie kam bei Grabungen 19 60 zu Tage.
ca. 6. Jh.	Kloster Debre Damo	Äthiopisch-orthodoxes Kloster, die älteste Landeskirche.

[1] Auszug aus: https://de.wikipedia.org/wiki/Liste_der_ältesten_Kirchen_der_Welt.

Die längsten Kirchen der Welt. [1]

Die Tafel nennt die längsten Kirchengebäude bezüglich ihrer äußeren Länge.

Rang	Bauwerk	Standort	Bauzeit	Größte			Grund-
				Länge [m]	Breite [m]	Höhe [m]	fläche [m²]
1	Angkor Wat	Angkor (KH)	1113-1150	215	1.878	65	
2	Petersdom	Vatikan (VA)	1506-1626	211,5	138	132,5	15.160
3	Notre-Dame de la Paix	Yamoussoukro (CI)	1985-1988	195	150	158	8.000
4	Christuskathedrale	Liverpool (GB)	1904-1978	188,7			9.687
5	Cathedral St. John the Divine	New York (USA)	1892-?	183,2		70,7	11.240
6	Mezquita Catedral	Córdoba (ES)	784-1523	179	134		23.000
7	Basilica de Nossa Senhora	Aparecida (BR)	1992-?	173	168	102	18.000
8	Dreieinigkeitskathedrale	Winchester (GB)	1079-1093	170			
9	Abtei von St. Albans	St. Albans (GB)	1077-1088	168			
10	NB des Heiligen Herzens	Brüssel (BE)	1905-1970	164,50	107		> 8.000
11	Dreieinigkeitskathedrale	Ely (GB)	1083-1180	164			
12	Westminster Abbey	London (GB)	1245	162			
13	N.-Kathedrale Peter und Paul	Washington (USA)	1907-1912	160			
14	Christuskathedrale	Canterbury (GB)	1175-	160			
15	St. Paul's Cathedral	London (GB)	1675-1708	158	75	111	7.857
16	Dom Mariä Geburt	Mailand (I)	1388-1965	157	92	45	11.860
17	Santa Maria del Fiore	Florenz (I)	1296-1436	153	38	114	8.300
18	Kölner Dom	Köln (D)	1248-1880	144,58	86,05	157,38	7.914
19	Ulmer Münster	Ulm (D)	1377-1890	139,5	59,2	161,5	8.260
20	Basilika der Muttergottes	Licheń Stary (PL)	1994-2004	139	77	103,5	10.090
21	Marienkathedrale von Sevilla	Sevilla (I)	1401-1519	115	76	104	11.520
	K. d. Heiligsten Dreifaltigkeit	Fátima (PT)	2004-2007	115	95		12.300
22	Isaakskathedrale	St. Petersburg (RUS)	1818-1858	111	97	101,5	10.767
23	Berliner Dom	Berlin (D)	1894-1905	91	81		6.789
24	Dom des Heiligen Sava	Belgrad (RS)	1936-2004	91	91	80	3.500
25	Sagrada Familia	Barcelona (ES)	1882-?	90	60	112	17.822

[1] Auszug aus: https://de.wikipedia.org/wiki/Liste_der_größten_Kirchen.

Die größten Kuppeln ihrer Zeit. [1]

In der Tafel der Bauten mit den weltweit größten Kuppeln ihrer Zeit sind diese geordnet aufsteigend nach der Innendurchmessergröße. Dazu werden der Zeitraum des vermutlich gehaltenen Rekordes, ihr Name, Standort mit Region und Staat sowie Erbauer und z.T. ihr(e) Konstrukteur(e) mit genannt. Sie basiert auf der Liste der aus der Literaturstelle [1] und auf den dortigen angegebenen Quellen.

Rang	Rekord [1]	Ø [m]	Name	Ort	Erbauer	Bemerkung
1	1250-1. Jh. BC	14,5	Schatzhaus des Atreus	Mykene, GR	Stadtstaat Mykene Mykene	Kraggewölbe
2	1. Jh. –19 BC	21,5	Tempel des Merkur	Baiae, I	Römisches Reich	erste Groß-kuppel
3	19 BC/Anf. 2. Jh.	25,0	Agrippa-Thermen, Arco della Ciambella	Rom, I	Römisches Reich, Marcus Vipsanius Agrippa; (64 o. 63 BC–12 BC)	erste Therme mit Kuppel
4	Anfang 2. Jh. -	30,0	Trajansthermen	Rom, I	Römisches Reich, Marcus Ulpiüs Trajanus (53/117)	Halbkuppeln
5	- 1436	43,4	Pantheon (auch it.: La Rotonda, dt.: Die Rotunde.); Sancta Maria ad Martyres) Kirche ab 609	Rom, I	Römisches Reich, Kaiser Trajan 114/ Kaiser Hadrian 118	größte nicht-bewehrte Betonkuppel,
6	1436 -1873	42/ 45	Dom Santa Maria del Fiore	Florenz, I	Stadtstaat Florenz, Arnolfo di Cambio, Filippo Brunelleschi	erste doppel-schalige Kup-pel der Ren.
7	1873-1937	108	Rotunde zur EXPO Wien 1873	Wien, Prater, AT	Harkort´sche Fabrik Hagen-Haspe, NRW	m. Holz, Gips verkl. Stahl
8	1957-1963	109	Belgrade Fair, Halle 1	Belgrade, RS	Belgrade Fair	größte Spann-betonkuppel
9	1963-1965	121,9	Assembly Hall (Aula)	Champaign US-IL	Universität von Illinois, USA	Stahlbeton
10	1965-1975	195,5	Reliant Astrodome, NRG Astrodome, Eighth Wonder of the World	Housten, US-TX, USA	H.A. Lott, Inc., Housten, General Contractors	Stahlskelett, erstes völlig überdachtes, klimatisiertes Stadion
11	1975-2001	207	Louisiana Superdome bis 2011, danach: Mercedes-Benz Superdome	New Orleans, US-LA, USA	American Bridge Company (AB), Coraopolis, US-PA, USA	Stahlskelett, Architekten: Curtis, Davis und Statik: Sverdrup & Parcel
12	2001-2009	274	Kyūshū Sekiyu Dome, Fußball-WM-Stadion 2002	Ōita, Präf. Ōita, Insel Kyūshū, J	k.A.	Konstrukteur: Kishō Kurokawa
13	2009-heute	275	AT&T Stadium, Dallas Cowboys, NFL	Arlington, US-TX	HSK, Inc. Dallas, US-TX, USA	Konstruktion: Walter P. Moore, Houston, TX

[1] Da sich diese Liste in [1] noch im Aufbau befindet, sind die Daten Rekord noch ein vorläufiges Ergebnis.

[1] Auszug aus: https://de.wikipedia.org/wiki/Liste_der_größten_Kuppeln_ihrer_Zeit.

Die zwanzig größten Glocken der Welt. [1]

Diese Tafel nennt die zwanzig größten Glocken der Welt.

Rang	Glockenname & Gebäude	Ort	Land	Gewicht [kg]	Guss	Bemerkungen
1	Zar Kokol	Moskau (Kreml)	RUS	202.000	1735	Gießer: Iwan Morotin u. Sohn Michail. H: 614 cm.
2	Die Dicke im Kaisertempel	Osaka	J	114.000	1900	
3	Mingun-Glocke im eigenen Glockenhaus	Mingun	MM	87.000 (90.000)	1808	klöppellos, Ø: 500 cm, H: 370 cm.
4	Tempelglocke in Chion-in	Kyōto	J	74.000		
5	Yongle-Glocke im Tempel der Großen Glocke	Peking	CN	53.000	1403	klöppellos, Ø: 330 cm, H: 675 cm.
6	Tokinosumika-Glocke (eig. Ai no Kane)	Gotemba	J	36.250	2006	läutbar. Ø: 382 cm, H: 372 cm.
7	Millenniumsglocke Millennium Monument tower	Newport (US-KY)	USA	33.285	1998	Ø: 370 cm, gegossen in F, Glockengießerei Paccard.
8	Festtagsglocke in der Sophienkathedrale	Weliki Nowgorod	RUS	26.000	i. 17. Jh.	
9	St. Petersglocke im Kölner Dom (auch: Dicker Pitter)	Köln	D	24.200	1923	Gießer: Heinrich Ulrich (Apolda). Ø: 322 cm.
10	Marie Dolenz Friedensglocke auf dem Hügel von Miravalle	Rovento	I	22.639	1924 1939 1964	Trient: Erst-, Verona: Zweit-, Castelnovo ne' Monti: Neuguß, Ø: 321 cm, H: 336 cm.
11	La Savoyarde in Sacre Coeur de Montmartre	Paris	I	18.835 (26.215)	1895	Gießer: Paccard, Ø: 303 cm, H: >400 cm.
12	Pummerin im Stephansdom	Wien	AT	18.317 20.130	1711 1951	Erstguß, 1945 zerstört, Neuguß, Ø: 314 cm.
13	Salvator-Glocke im Salzburger Dom	Salzburg	AT	14.256	1961	GG Oberascher, Salzburg, Ø: 279 cm.
14	Big Ben im Palace of Westminster	London	GB	13.500		
15	Glocke Emmanuel, Notre-Dame de Paris	Paris	F	~ 13.000	1685	gegossen: Lothringische Wandgießerei Paris.
16	Gloriosa im Kaiserdom St. Bartholomäus	Frankfurt a.M.	D	11.950	1877	Gießer: J.G. Grosse (DD), Ø: 258,5; H: 266,3 cm.
17	Kreuzglocke in der Dresdner Kreuzkirche	Dresden	D	11.511	1899	Gießer: Franz Schilling, Apolda, Ø: 258,3 cm.
18	Maria-Gloriosa im Erfurter Dom	Erfurt	D	11.450	1497	Gießer: GG Greet van Wou, Kampen (NL), Ø: 256 cm, H: 262 cm.
19	Freiheitsglocke im Rathaus Berlin Schöneberg	Berlin	D	10.206	1950	Gießerei: Gillett & Johnston, London, UK.
20	Pretiosa im Kölner Dom	Köln	D	ca. 10.500	1448	Gießer: Christian Cloit, Heinrich Brodermann, Köln, Ø: 240 cm.

[1] Auszug aus: https://de.wikipedia.org/wiki/Glocke. Zu allen Glocken wurden ihre Eizellinks mit verwendet.

Die größten Millionenstädte der Welt. [1]

Diese Tafel enthält die größten Millionenstädte der Welt mit über 10 Millionen Einwohnern. Insgesamt beinhaltet die benutzte Quelle [1] 320 Millionenstädte. Mit eigeordnet sind da auch die fünf Millionenstädte des deutschsprachigen Raums (vier von Deutschland und eine von Österreich). Aus der dortigen Liste sind diese in die folgende Tafel mit übernommen worden.

Rang	Stadt	Einwohner (Werte frühestens 2000 [1])	Land	Kontinent
1	Mexiko-Stadt	20.116.842	Mexiko	Nordamerika
2	Peking	20.000.000	Volksrepublik China	Asien
3	Shanghai	19.210.000	Volksrepublik China	Asien
4	Lagos	15.118.780	Nigeria	Afrika
5	Istanbul	14.377.018	Türkei	Asien/Europa
6	Karatschi	13.052.000	Pakistan	Asien
8	São Paulo	11.967.825	Brasilien	Südamerika
9	Moskau	11.551.930	Russland	Europa
10	Guangzhou	11.114.200	Volksrepublik China	Asien
11	Delhi	10.972.065	Indien	Asien
12	Shenzhen	10.628.900	Volksrepublik China	Asien
13	Seoul	10.427.819	Südkorea	Asien
...				
57	Berlin	3.421.829	Deutschland	Europa
131	Wien	1.763.912	Österreich	Europa
134	Hamburg	1.746.342	Deutschland	Europa
191	München	1.407.863	Deutschland	Europa
294	Köln	1.034.175	Deutschland	Europa

[1] Auszug aus: https://de.wikipedia.org/wiki/Liste_der_Millionenstädte (Stand: grundsätzlich 27. September 2010, mit älterem Zahlenmaterial und mit aktuellen Ergänzungen).

Die größten Metropolregionen der Welt – Stand 2015. [1]

Die Tafel beinhaltet die größten Metropolregionen der Welt mit Stand im Jahre 2015.

Rang	Name	Einwohner [in Millionen]	Land	Kontinent
1	Tokio-Yokahama[1)	37,843	Japan	Asien
2	Jakarta	30,593	Indonesien	Asien
3	Delhi	24,998	Indien	Asien
4	Manila	24,123	Philippinen	Asien
5	Seoul	23,480	Südkorea	Asien
6	Shanghai	23,416	China	Asien
7	Karatschi	22,123	Pakistan	Asien
8	Peking	21,009	China	Asien
9	New York	20,630	Vereinigte Staaten	Nordamerika
10	Guangzhou	20,597	China	Asien
11	São Paulo	20,365	Brasilien	Südamerika
12	Mexiko City	20,063	Mexiko	Nordamerika
13	Mumbai	17,712	Indien	Asien
14	Ōsaka	17,444	Japan	Asien
15	Moskau	16,170	Russland	Europa
16	Dhaka	15,669	Bangladesch	Asien
17	Kairo	15,600	Ägypten	Afrika
18	Los Angeles	15,058	Vereinigte Staaten	Nordamerika
19	Bangkok	14,998	Thailand	Asien
20	Kalkutta	14,667	Indien	Asien
21	Buenos Aires	14,122	Argentinien	Südamerika
22	Teheran	13,532	Iran	Asien
23	Istanbul	13,287	Türkei	Asien/Europa
24	Lagos	13,123	Nigeria	Afrika
25	Shenzhen	12,084	China	Asien
26	Rio de Janeiro	11,727	Brasilien	Südamerika
27	Kinshasa	11,587	Demokratische Republik Kongo	Afrika
28	Tianjin	10,920	China	Asien
29	Paris	10,858	Frankreich	Europa
30	Lima	10,750	Peru	Südamerika
31	Chengdu	10,376	China	Asien
32	London	10,236	Vereinigtes Königreich	Europa
33	Nagoya	10,177	Japan	Asien
34	Lahore	10,052	Pakistan	Asien
35	Rhein-Ruhr[1)	9,963	Deutschland	Europa

[1)Es sind die vier Millionenstädte Tokio (bzw. die 23 Stadtbezirke), Yokohama, Kawasaki, Saitama. Die Region besteht aus den Präfekturen Tokio, Kanagawa, Saitama, Chiba, neuerdings auch Ibaraki.
[2) Rhein-Ruhr zum Vergleich mit aufgeführt, nicht in Quelle enthalten; Vermerk nach [1], [2].
[1] Auszug aus: https://de.wikipedia.org/wiki/Liste_der_gröten_Metropolregionen_der_Welt.
[2] https://de.wikipedia.org/wiki/Metropolregion_Tokio.

Die gegenwärtig 25 höchsten Bauwerke der Welt. [1]

Die Tafel enthält eine Übersicht der 25 höchsten Bauwerke der Welt, meist mit Antennenspitze.

Platz	Name	Höhe [m]	Stadt	Staat	Jahr
1	Burj Khalifa (ehem. Burj Dubai)	830	Dubai	AE	2010
2	Tōkyō Sky Tree	634	Tokio	J	2012
3	Shanghai Tower	632	Shanghai	CN	2014
4	Mecca Royal Clock Tower Hotel	601	Mekka	SA	2012
5	Canton Tower	600	Guangzhou	CN	2010
6	CN Tower	553	Toronto	CAN	1976
7	One World Trade Center (ehem. Freedom Tower)	541	New York City	USA	2014
8	Ostankino-Turm	537	Moskau	RUS	1967
9	Willis Tower (ehem. Sears Tower)	527	Chicago	USA	1974
-	World Trade Center, Nordturm WTC I	527	New York City	USA	1972
10	Taipei 101	508	Taipeh	TW	2004
11	Shanghai World Financial Center	492	Shanghai	CN	2008
12	International Commerce Center	484	Hongkong	HK	2010
13	Oriental Pearl Tower	468	Shanghai	CN	1994
14	John Hancock Center	457	Chicago	USA	1969
15	Petronas Towers	452	Kuala Lumpur	MY	1998
16	Zifeng Tower	450	Nanjing	CN	2010
17	Empire State Building	443	New York City	USA	1931
18	Kingkey 100	441	Shenzhen	CN	2011
19	Guangzhou International Finance Center	438	Guangzhou	CN	2010
20	Fernsehturm Bordsch-e Milad	435	Teheran	IR	2007
21	Trump International Hotel and Tower (Chicago)	423	Chicago	USA	2009
22	Jin Mao Tower	421	Shanghai	CN	1998
23	Fernsehturm Menara KL	420	Kuala Lumpur	MY	1996
24	Schornstein des Kohlekraftwerkes Ekibatus	419	Ekibatus	KZ	1987
	World Trade Center, Südturm WTC 2	415	New York City	USA	1973
25	Princess Tower	414	Dubai	AE	2012

[1] Auszug aus: https://de.wikipedia.org/wiki/Liste_der-höchsten_Bauwerke_der_Welt.

Die gegenwärtig 25 höchsten Gebäude der Welt. [1]

Eingeordnet sind 25 höchste Gebäude der Welt nach ihrer strukturellen und absoluten Höhe.

Rang	Gebäude	Stadt	Land	Höhe in [m]		FS-Jahr.
				$I^{(*)}$	$II^{(**)}$	
1	Burj Khalifa	Dubai	VAE	828	830	2010
2	Shanghai Tower	Shanghai	CN	632	632	2015
3	Mecca Royal Clock Tower Hotel	Mekka	SA	601	601	2012
4	One World Trade Center	NY Center	USA	541	541	2014
5	Taipei 101	Taipei	TW	508	508	2004
6	Shanghai World Financial Center	Shanghai	CN	492	492	2008
7	International Commerce Centre	Hongkong	CN	484	484	2010
8	Petronas Towers	Kuala Lumpur	MY	452	452	1998
9	Zifeng Tower	Nanjing	CN	450	450	2010
10	Willis Tower (ehem. Sears Tower)	Chicago	USA	442	527	1974
11	Kingkey 100	Shenzhen	CN	441	441	2011
12	Guangzhou International Finance C.	Guangzhou	CN	438	438	2010
13	Marina 101	Dubai	VAE	427	427	2015
14	452 Park Avenue	NY City	USA	426	426	2015
15	Trump International Hotel & Tower	Chicago	USA	423	423	2009
16	Jin Mao Tower	Shanghai	CN	421	421	1998
17	Princess Tower	Dubai	VAE	414	414	2012
18	Al Hamra Tower	Kuwait City	Kuwait	413	413	2011
19	Two International Finance Centre	Hongkong	CN	412	412	2003
20	23 Marina	Dubai	VAE	393	393	2012
21	CITIC Plaza	Guangzhou	CN	391	391	1997
22	Capital Market Authority Tower	Riad	SA	385	385	2015
23	Shun Hing Square	Shenzhen	CN	384	384	1996
24	Eton Place Dalian Tower 1	Dalian	CN	383	383	2015
25	Empire State Building	NY City	USA	381	443	1931

$I^{(*)}$ – strukturelle Höhe; $II^{(**)}$ – absolute Höhe (Höhe bis zur Spitze, z.B. mit Antenne)

[1] Auszug aus: https://de.wikipedia.org/wiki/Liste_der_höchsten_Gebäude_der_Welt.

Die gegenwärtig höchsten bestehenden Bürogebäude der Welt. [1]

Die Tafel nennt die höchsten bestehenden Bürogebäude der Welt über 300 Meter Höhe.

Rang	Name	Stadt	Staat	Höhe [m]	Etagen [Az]	Baujahr
1	One World Trade Center	New York	USA	541	104	2014
2	Taipei 101	Taipeh	TW	508	101	2004
3	Petronas Towers	Kuala Lumpur	MY	452	88	1998
4	Willis Tower (Sears Tower)	Chicago	USA	442	108	1974
5	Al Hamra Tower	Kuwait-Stadt	KW	413	77	2011
6	Two International Finance Centre	Hongkong	HK	412	86	2003
7	CITIC Plaza	Guangzhou	CN	391	80	1997
8	Shun Hing Square	Shenzhen	CN	384	69	1996
10	Empire State Building	New York	USA	381	102	1931
11	Central Plaza	Honkong	HK	374	78	1992
12	Bank of China Tower	Honkong	HK	367	73	1990
13	Bank of America Tower	New York	USA	366	55	2009
14	Almas Tower	Dubai	AE	363	74	2009
15	The Pinnacle	Guangzhou	CN	360	60	2012
16	Emirates Office Tower	Dubai	AE	355	54	2000
17	Aon Center	Chicago	USA	346	83	1973
18	The Center	Hongkong	HK	345	73	1998
19	Tianjin World Financial Center	Tianjin	CN	337	76	2010
20	Modern Media Center	Changzhou	CN	332	57	2013
21	Minsheng Bank Building	Wuhan	CN	331	68	2007
22	Chrysler Building	New York	USA	319	77	1930
	New York Times Tower	New York	USA	319	52	2007
24	Bank of America Plaza	Atlanta	USA	317	55	1993
25	U.S. Bank Tower	Los Angeles	USA	310	73	1990
	Menara Telekom	Kuala Lumpur	MY	310	55	2001
	Pearl River Tower	Guangzhou	CN	310	71	2012
28	AT&T Corporate Center	Chicago	USA	307	60	1989
29	JP Morgan Chase Tower	Housten	USA	305	75	1982
30	Two Prudential Plaza	Chicago	USA	303	64	1990
	Leatop Plaza	Guangzhou	CN	303	64	2011
32	Wells Fargo Plaza	Housten	USA	302	71	1983
33	Gran Torre Santiago	Santiago de Chile	CL	300	70	2014
34	Arraya Tower	Kuwait-City	KW	300	60	2009

[1] Auszug aus: https://de.wikipedia.org/wiki/Liste_der_höchsten_Bürogebäude_der_Welt.

Die gegenwärtig 25 höchsten Wohngebäude der Welt. [1]

Die nachfolgende Tafel beinhaltet die 25 höchsten fertiggestellten wie auch im Bau befindlichen Wohngebäude der Welt, die alle eine Höhe über 300 m haben.

Rang	Name	Stadt	Land	Höhe	Etagen	Status	Baujahr
1	217 West 57th Street	New York City	USA	541	93	in Bau	2018
2	Pentominium	Dubai	AE	516	122	Baustopp	-
3	World One	Mumbai	IN	442	117	in Bau	2016
4	106 Tower	Dubai	AE	433	106	in Bau	2018
5	Diamond Tower	Dschidda	SA	432	93	Baustopp	2017
6	432 Park Avenue	New York City	USA	426	88	in Bau	2015
7	Princess Tower	Dubai	AE	414	101	bestehend	2012
8	23 Marina	Dubai	AE	393	90	bestehend	2012
9	The Domain	Abu Dhabi	AE	381	88	bestehend	2014
10	Elite Residence	Dubai	AE	380	91	bestehend	2012
11	The Torch	Dubai	AE	348	86	bestehend	2011
	Torre Planetarium I	Panama Stadt	PA	343	92	Baustopp	-
13	Ahmed Abdul Rahim Al Attar Tower	Dubai	AE	342	76	in Bau	2015
	DAMAC Heights	Dubai	AE	335	84	in Bau	2016
15	The Landmark	Abu Dhabi	AE	324	72	bestehend	2013
16	Q1 Tower	Gold Coast	AUS	323	80	bestehend	2005
	Palais Royale	Mumbai	IN	320	66	in Bau	2015
18	HHHR Tower	Dubai	AE	317	62	bestehend	2010
19	Ocean Heights	Dubai	AE	310	82	bestehend	2010
20	Cayan Tower	Dubai	AE	307	73	bestehend	2013
21	East Pacific Center	Shenzhen	CN	306	85	bestehend	2013
	Torre Planetarium II	Panama Stadt	PA	305	82	Baustopp	-
23	Capital City Moscow Tower	Moskau	RUS	302	76	bestehend	2010
24	We've the Zehith Tower A	Busan	KR	301	80	bestehend	2012
25	Dubai Pearl	Abu Dhabi	AE	300	73	in Bau	2018

[1] https://de.wikipedia.org/wiki/Liste_der_höchsten_Wohngebä4ude_der_Welt.

Die gegenwärtig zehn höchsten Hotels der Welt. [1]

In der Tabelle der höchsten Hotels der Welt sind sie nach ihrer Höhe aufgelistet. Nach dem Council on Tall Building and Urban Habitat (CTBUH) werden bei diesen 85 % oder mehr der Nutzfläche für ein Hotel in Anspruch genommen. Erfasst sind Hotels mit einer Höhe über 300 m.

Rang	Name	Stadt	Land	Höhe [m]	Etagen [Az]	Fertig [a]
1	Ritz-Carlton Hotel Hongkong	Honkong	HK	484	18	2011
2	Dream Dubai Marina, ehemals Marina 101 [2]	Dubai	AE	426,5	101	i.B.
3	JW Marriott Marquis Hotel Dubai 1	Dubai	AE	355	77	2012
4	JW Marriott Marquis Hotel Dubai 2	Dubai	AE	355	77	2012
5	Rose Tower, Hotel Rose Rayhaan by Rotana	Dubai	AE	333	72	2007
6	Ryugyŏng Hot'el, 105 Building	Pjöngjang	KP	330	105	i.B.
7	Burj al Arab	Dubai	AE	321	60	1999
8	Jumeirah Emirates Towers Hotel, Emirates Towers Two[2]	Dubai	AE	309	56	2000
9	Baiyoke Tower 2	Bangkok	TH	304	85	1997
10	Wuxi Maoye City – Marriott Hotel	Wuxi, Jiangsu, OCN	CN	304	68	2014

[1] The Ritz-Carlton, Hong Kong, gehört der Ritz-Carlton-Gruppe im International Commerce Centre (ICC) in West Kowloon, Hongkong. Das Hotel befindet sich in den Etagen 102 bis 118 des ICC.
[2] Zu den Emirates Towers gehören zwei zusammengehörende Wolkenkratzer in Dubai, sowohl der Emirates Towers One mit 354,6 m und 54 Etagen, ein Bürohaus, namens Emirates Office Tower, wie auch der Emirates Towers Two, das Jumeirah Emirates Towers Hotel.

[1] Auszug aus: https://de.wikipedia.org/wiki/Liste_der_höchsten_Hotels_der_Welt.
[2] https://de.wikipedia.org/wiki/Dream_Dubai_Marina.

Die gegenwärtig 50 höchsten Fernsehtürme der Welt. [1]

Diese Tafel enthält eine Übersicht der gegenwärtig 50 höchsten Fernsehtürme der Welt.

Platz	Name	Ort	Land	Höhe [m]	Zugang	Jahr
1	Tokyo Sky Tree	Tokio	J	634	ja	2012
2	Canton Tower	Guangzhou	CN	610,8	ja	2010
3	CN Tower	Toronto, CA-ON	CAN	553,3	ja	1976
4	Fernsehturm Ostankino	Moskau	RUS	540	ja	1967
5	Oriental Pearl Tower	Shanghai	CN	468	ja	1995
6	Milad-Turm	Teheran	IR	435	ja	2006
7	Menara Kuala Lumpur	Kuala Lumpur	MY	421	ja	1995
8	Tianjin Radio-Fernsehturm	Tianjin	CN	415	ja	1991
9	Zentraler Fernsehturm Peking	Peking	CN	404	ja	1995
10	Fernsehturm Zhengzhou	Zhengzhou	CN	388	ja	2001
11	Fernsehturm Kiew	Kiew	UA	385	nein	1973
12	Fernsehturm Taschkent	Taschkent	ZU	375	ja	1985
13	Liberation Tower	Kuwait-Stadt	KW	372	ja	1996
14	Fernsehturm Almaty	Alma-Ata	KZ	371	ja	1983
15	Fernsehturm Riga	Riga	LV	368,5	ja	1986
16	Berliner Fernsehturm	Berlin, DE-BE	D	368,03	ja	1969
17	Stratosphere Tower	Las Vegas, US-NV	USA	350	ja	1996
18	West Pearl Tower	Chengdu	CN	339	ja	2004
19	Macau Tower	Macau	CN	338	ja	2001
20	Europaturm	Frankfurt a. M. DE-HE	D	337	nein[*]	1979
21	Drachenturm	Harbin	CN	336	ja	2000
22	Tokyo Tower	Tokyo	J	333	ja	1958
23	Fernsehturm Emley Moor	Yorkshire, GB-YKS	UK	330	nein	1971
	WITI-Sendeturm	Shorewood, US-WI	USA	329	nein	1962
25	Sky Tower	Auckland	NZ	328	ja	1997

[*] seit 1999 geschlossen

Platz	Name	Ort	Land	Höhe [m]	Zugang	Jahr
26	Fernsehturm Vilnus	Vilnus	LT	326	ja	1980
27	Eiffelturm	Paris	FR	324	ja	1889
28	WHDH-Sendeturm	Newton, US-MA	USA	323,8	nein	1994
29	Fernsehturm Rameswaram	Rameswaram	IND	323	nein	1995
30	Jiangsu Nanjing Fernsehturm	Nanjing	CN	318,5	ja	1996
31	Fernsehturm Tallin	Tallin	EE	314	ja	1980
32	Fernsehturm Jerewa	Jerewan	AM	311,7	nein	1977
33	Fernsehturm Guishan	Wuhan	CN	311,4	ja	1986
34	Fernsehturm Sankt Petersburg	Sankt Petersburg	RUS	310	nein	1962
35	Fernsehturm Azeri	Baku	AZ	310	nein	1996
36	Sydney Tower	Sydney, AU-NSW	AUS	309	ja	1981
37	Fernsehturm Shenyang	Shenyang	CN	305,5	ja	1989
38	Fernsehturm Fazilka	Fazilka	IND	304,8	nein	2007
39	Fernsehturm Sint-Pieters-Leeuw	Sint-Pieters-Leeuw	BE	302	nein	1997
40	Sendeturm Mumbai	Mumbai	IND	300,2	nein	o.A.
41	Fernsehturm Jaisalmer	Jaisalmer	IND	300	nein	1993
42	Fernsehturm Samatra	Bhuj	IND	300	nein	1999
43	Sutro Tower	San Francisco, US-CA	USA	297,7	nein	1972
44	Fernsehturm Zhuzhou	Zhuzhou	CN	293	ja	1999
45	Fernmeldeturm Nürnberg	Nürnberg, DE-BY	D	292	nein[*]	1980
46	Olympiaturm	München, DE-BY	D	291	ja	1968
47	Telemax	Hannover, DE-NI	D	282	nein	1992
48	Fernsehturm Shijiazhuang	Shijiazhuang	CN	280	ja	1998
49	Heinrich-Hertz-Turm	Hamburg, DE-HH	D	279	nein[**]	1968
50	Fernsehturm Luoyang	Luoyang	CN	278	nein	o.A.
[*]	seit 1991 geschlossen; [**] seit 2001 geschlossen					

[1] Auszug aus: https://de.wikipedia.org/wiki/Liste_der_höchsten_Fernsehtürme

Die gegenwärtig 20 längsten Brücken der Welt. [1]

Eingeordnet sind die 20 längsten Brücken der Welt über Land und Wasser ab 22 km Länge.

Rang	Brückenname & Lage & Strecke	Land	Länge [m]	FS
1	Große Brücke Danyang-Kushan / SFS Peking-Shanghai	CN	164.800	2010
2	Große Brücke von Tianjin / SFS Peking-Shanghai	CN	113.700	2010
3	Große Brücke von Weinan Weihe / SFS Xuzhou-Lanzhou	CN	79.732	2008
4	Große Brücke über den Sui River / SFS Peking-Shanghai	CN	65.600	2009
5	Bang Na Expressway / Bangkok	TH	54.000	2000
6	Große Brücke von Peking / SFS Peking-Shanghai	CN	48.153	2010
7	Jiaozhou-Bucht Brücke (auch Qingdao-Haiwan-Brücke)	CN	42.580	2011
8	Lake Pontchartrain Causeway / Mandeville-Metairie. US-LA	USA	38.422	1969
9	Manchac-Sumpf-Brücke / Ponchatoula, Manchac, LaPlace, LA	USA	36.710	1979
10	Yangcun Brücke / SFS Peking-Tianjin	CN	35.812	2007
11	Hangzhou Bay Bridge / Jiaxing-Ningbo	CN	36.000	2007
12	Donghai-Brücke / Luchaogang-Yangshan	CN	32.500	2005
13	Atchafalaya Swamp Brücke / Baton Rouge-Lafayette, US-LA	USA	29.290	1973
14	Große Brücke Qingxian-Cangzhou / SFS Peking-Shanghai	CN	27.900	2010
15	King-Fahd-Causeway / al-Chubar-Jasra	SA/BH	26.000	1986
16	Brücke Nr. 1 des Binhai Mass Transit	CN	25.800	2005
17	Chesapeake Bay Br.-Tunnel / Hampton Road-Delmarva, VA	USA	24.140	1964
18	Große Brücke von Yunzaobin / SFS Peking-Shanghai	CN	23.300	2010
19	Große Brücke Dezhou-Yucheng / SFS Peking-Shanghai	CN	22.100	2010
20	Große Brücke über den Big Wen River / SFS Peking-Shanghai	CN	22.100	2010

[1] Auszug aus: https://de.wikipedia.org/wiki/Liste_der_längsten_Brücken.

Die gegenwärtig 25 längsten Hängebrücken der Welt. [1]

Eingeordnet sind die 25 längsten Hängebrücken nach ihrer MSPW o. SSB, FB, PB (10/2014).

Rang	Name / Lage	Land	MSPW [m]	GH [m]	FS [m]
1	Akashi-Kaikyō-Brücke / Kōbe-Awaji	J	1991	3911	1998
2	Xihoumen-Brücke / Zhousan	CN	1650	2713	2008
3	Storebælt-Brücke / Großer Belt	DK	1624	2694	1998
4	Yi-Sun-sin-Brücke / Gwangyang	KR	1545	2260	2012
5	Runyang-Brück / Zhenjiang-Yangzhou	CN	1490	4888	2005
6	Vierte Nanjing-Jangtse-Br. / Nanjing	CN	1418	5437	2012
7	Humber-Brücke / Hessle nahe Hull	UK	1410	2220	1981
8	Jiangyin-Brücke / Jiangyin - Jingjiang	CN	1385	4544	1999
9	Tsing-Ma-Brücke / Tsing – Ma Wan	CN	1377	2160	1997
10	Hardangerbrücke / Brimnes / Bruravik	NOR	1310	1380	2013
11	Verrazano-Narrows-Brücke / NY City	USA	1298	4175	1964
12	Golden Gate Bridge / SF – Sausalito	USA	1280	2737	1937
13	Yangluo-Brücke / Wuhan	CN	1280	4199	2007
14	Högakstenbr. / Härnösand-Kramford	SE	1210	1867	1997
15	Aizhai Brücke / Jishou, Hunan	CN	1176	986	2012
16	Mackinac Br./Machinaw-C.-St. Ignace	USA	1158	2626	1957
17	Huangpu-Brücke / Guangzhou	CN	1108	3635	2008
18	Minami-Bisan-Seto / Kōjima-Sakaide	J	1100	1648	1988
19	Fatih-Sultan-Mehmet-Brücke/Istanbul	TR	1090	1510	1988
20	Balinghe-Brücke / Guanling	CN	1088	2237	2009
21	Taizhou-Brücke / Taizhou, Jiangsu	CN	1080	9726	2012
21	Ma'anshan-Br. / Ma'anshan, Anhui	CN	1080	3543	2013
23	Bosporus-Brücke / Istanbul	TR	1074	1560	1973
24	George Washington Br./Fort Lee-NYC	USA	1067	1451	1931
25	3. Kurushima-Br. / Onomichi-Imabari	J	1030	1570	1999

[1] Auszug aus: https://de.wikipedia.org/wiki/Liste_der_längsten_Hängebrücken.

Die gegenwärtig 25 größten Auslegerbrücken. [1]

Die Liste der 25 größten Auslegerbrücken ordnet diese nach ihrer der größten Spannweite.

Rang.	Name / Überbrückung / Ort / Gebiet	SPW [m]	GL [m]	LH [m]	Material	FS	Schiene, Straße	Land
1	Pont de Québec / Sank-Lorenz-Lorenz-Strom / Québec / CA-QC	549	987	46	Stahl	1917	S / Str.	CAN
2	Forth Bridge Firth of Forth / GB-SCT	521x2	2500	46	Stahl	1890	S	UK
3	Minato-Brücke / Bucht von Ōsaka / J	510	983	51	Stahl	1974 OD 1991 UD	S	J
4	Commodore Barry Bridge / Delaware River b. Chester, PA	501	2540	58,5	Stahl	1974	S	USA
5	Crescent City Connection: Greater-New-Orleans-Br. I & II, Mississippi b. New Orleans, LA	480	4093	52	Stahl	1958 O 1988 W	S	USA
6	Howrah Bridge (Rabindra-Br.), Hugli (Ganges) b. Kalkutta	457	671	8,8	Stahl	1943	S	IND
7	Gramercy Bridge / Mississippi River b. Gramercy, LA / US-CA	445	945	50	Stahl	1995	S	USA
8	Alte East-Bay-Bridge / San Francisco Bay, US-CA	427	3102	46	Stahl	1936	S	USA
9	Horace-Wilkinson-Bridge / Mississippi b. Baton Rouge, LA	376	1387	53	Stahl	1968	S	USA
10	Tappan Zee Bridge / Hudson River b. Tarrytown, NY	369	4881	42	Stahl	1955	S	USA
11	Lewis and Clark Bridge / Columbia R. b. Longview, WA	366	2526	64	Stahl	1930	S	USA
12	Queensboro Bridge / East River, New York City, NY	360	2470	40	Stahl	1909	S	USA
13	Puente de las Américans / Panamakanal, Balboa, PAN	344	1654	61	Stahl	1962	S	USA
14	Carquinez-Bridge / Carquinez-Straße, US-CA	335x2	1056	43	Stahl	1927*, 1958**	S	USA
15	Ironworkers Memorial Second Narrows Crossing / Burrard Inlet, Vancouver, CA-BC	335	1292	o.A.	Stahl	1960	S	CAN

*   Erste Auslegerbrücke von 1927 wurde abgerissen.

**   Zweite, sehr ähnliche Auslegerbrücke wurde 1958 rd. 60 m flussaufwärts gebaut.

Rang.	Name & Überbrückung	SPW [m]	GL [m]	LH [m]	Material	FS	Schiene, Straße	Land
16	Pont Jaques-Cartier / Sankt-Lorenz-Strom, Ontario, CA-QC	334	2687	49	Stahl	1930	S	CAN
17	Hart Bridge / St. Johns River bei Jacksonville, US-FL	332	1172	43	Stahl	1967	S	USA
18	Richmond-San Rafael Bridge / Sankt-Lorenz-Strom, SF, CA	326x2	8851	56	Stahl	1856	S	USA
19	Cooper River Bridge / Cooper River b. Charleston, US-SC	320	3114	41	Stahl	1929*, 2006**	S	USA
20	Newburgh-Beacon b. Beacon / Hudson River, US-NY	305	2394 (Nord)	41	Stahl	1963 N 1981 S	S	USA
21	Stolmabrua / Stolmasund südl. von Bergen, Hordaland, NO-12	301	467	20	Spann-beton	1998	S	NOR
22	Raftsundbrua / Raftsund, Nordland, NO-18	298	711	45	Spann-beton	1998	S	NOR
23	Sondøy-Brücke / Leirfjord, Nordland, NO-18	298	538	43,5	Spann-beton	2003	S	NOR
24	Martin Luther King Bridge / Mississippi / St. Louis / US-MO	294	1222	30	Stahl	1950	S	USA
25	Story Bridge / Brisbane River, Brisbane, AU-QLD	282	777	30,5	Stahl	1940	S	AUS

*	Sie wurde später benannt als John P. Gnade Memorial Bridge, nach dem 51. BM von Charleston, Charleston County, South Carolina. Ihr anderer Name ist auch Old Cooper River Bridge. Parallel dazu wird am 29. April 1966 die Silas N. Pearman Bridge, auch New Cooper River Bridge genannt, eine Auslegerbrücke mit 232 m SPW eröffnet, geschlossen wurde sie am 16. Juli 2005.
**	Ersatz durch die Arthur Ravenel Jr. Bridge. Sie ersetzt die zwei veralteten Ausleger-Fachwerkbrücken.

[1] Auszug aus: https://de.wikipedia.org/wiki/Liste_der_größten_Auslegerbrücken.

Die gegenwärtig 25 größten Bogenbrücken der Welt.

Die Liste der 25 größten Bogenbrücken der Gegenwart ordnet diese nach ihrer größten SPW. Angegeben sind Bogenbrücken mit mehr als 350 m Spannweite (Stand: April 2012).

Rang	Name / Überbrückung / Ort / Gebiet	SPW [m]	GL [m]	Material	FS	Schiene, Straße	Land
1	Chaotianmen-Yangtse-Brücke / Jangtsekiang / Chongqing / SWCN	552	174	Stahl	2009	Schiene, Straße	CN
2	Lupu-Brücke /Huangpu-Fluss / Shanghai / OCN	550	3900	Stahl	2300	Straße	CN
3	Bosideng-Bridge / Jangtsekiang / Hejiang, Sichuan / SWCN	530	841	CFST	2012	Straße	CN
4	New River Gorge Bridge / New River / Fayetteville / US-WV	518	924	Stahl	1977	Straße	USA
5	Bayonne Bridge / Kill Van Kull / NY-City (Hafen) & Bayonne / NJ	510	2633	Stahl	1931	Straße	USA
6	Sydney Harbour Bridge / Sydney Habour / AU-NSW	503	1149	Stahl	1932	Schiene Straße	AUS
7	Wushan-Brücke / Jangtsekiang / Wushan, Chongqing / SWCN	460	612	CFST	2005	Straße	CN
8	Mingzhoun-Bridge / Yong (Ningbo), Zhejiang / SOCN	450	650	Stahl	2011	Straße	CN
9	Zhaoqing-Brücke / Xijiang / Zhaoqing, Guangdong / SCN	450	618	Stahl	2012	Straße	CN
10	Zhijinghe-Bridge / Zhijinghe River / Dazhipingzhen, Hubei / ZCN	430	547	CFST	2009	Straße	CN
11	Xinguang-Brücke / Perlfluss / Guangzhou, Guangdong / OCN	428	1083	Stahl	2007	Straße	CN
12	Wanxian-Brücke / Jangtsekiang / Wanzhou, Chongqing / SWCN	420	856	Beton	1997	Straße	CN
13	Caiyuanba-Brücke / Jangtsekiang / Chongquing City /ZCN	420	800	Stahl	2007	Schiene, Straße	CN
14	Lianxiag-Brücke* / Xiang-River / Xiangtan, Hunan / OCN	420	924	CFST	2007	Straße	CN
15	Qiubei-Nanpanjiang-Brücke (i.) / Nanpan Jiang / Qiubei, Yunnan / SWCN	416	852	Beton	2015	Schiene	CN

* Kombinierte Bogen- und Schrägseilbrücke

Rang	Name / Überbrückung / Ort / Gebiet	SPW [m]	GL [m]	Material	FS	Schiene, Straße	Land
12	Wanxian-Brücke / Jangtsekiang / Wanzhou, Chongqing / SWCN	420	856	Beton	1997	Straße	CN
13	Caiyuanba-Brücke / Jangtsekiang / Chongquing City /ZCN	420	800	Stahl	2007	Schiene, Straße	CN
14	Lianxiag-Brücke* / Xiang-River / Xiangtan, Hunan / OCN	420	924	CFST	2007	Straße	CN
15	Qiubei-Nanpanjiang-Brücke (i.B.) / Nanpan Jiang / Qiubei, Yunnan / SWCN	416	852	Beton	2015	Schiene	CN
16	Daninghe-Brücke / Daninghe / Washan (Chongqing) / OCN	400	681	Stahl	2010	Straße	CN
17	Krk-Brücke / Adria-Kanal / Krk / größte Adria-Insel im Mittelmeer	390	1450	Beton	1980	Straße	HR
18	Fermont Bridge / Willamette River / Portland / OR	383	656	Stahl	1973	Straße	USA
19	Maocaojie Brücke / Mupinbu / Yiyang, Hunan / OCN	368	2848	CFST	2007	Straße	CN
20	Port Mann Bridge / Fraser River / Surrey / CA-BC *	366	2092	Stahl	1964	Straße	CAN
21	Francis Scott Key / Patapsco River / Baltimore / MD	366	5632	Stahl	1977	Straße	USA
22	Zhaohua-Brücke / Jialing Jiang / Guangyuan, Sichuan / SWCN	364	864	Beton	2012	Straße	CN
23	Yajinha-Brücke / Perlfluss / Guangzhou, Guangdong / SCN	360	1084	CFST	2000	Straße	CN
24	Wanzhou Jangtsekiang Eisenbahn-Brücke / Jamgtsekiang / Wanzhou, Chongqing / ZCN	360	1106	Stahl	2005	Schiene	CN
25	Taipinghu-Brücke / Taiping See / b. Pinghuzhen, Huangshan, Anhui / SOCN	352	n.b.	CFST	2007	Straße	CN

* wird 2012/2013 durch Schrägseilbrücke ersetzt

Die Liste der 25 größten Bogenbrücken der Gegenwart ordnet solche mit mehr als 350 m SPW. In der Spalte Material ist das des Brückenbogens angegeben. Die Länderabkürzung entspricht der ISO 3166.

Die höchsten gebauten Brücken der Welt ab 200 m Höhe. [1, 2]

Alle Brücken mit einer Mindesthöhe von 200 m sind in dieser Tabelle aufgenommen.

Rang	Name	Ort	Land	Höhe [m]	SPW [m]	Nutzung	Jahr
1	Siduhe-Brücke	Badong, Prov. Hubei, SWC	CN	472	900	Straße	2009
2	Baluarte-Brücke	Pueblo Nuevo, BS-DUR	MEX	403	520	Straße	2012
3	Hegigiotal-Pipelinebr.	Otoma, Southern HL	PG	393	470	Erdöl	2005
4	Balinghe-Brücke	Guanling, Guiyang, SWC	CN	370	1.088	Straße	2009
5	Beipanjiang-Brücke	Zhenfeng, Guizhou, SWC	CN	366	388	Straße	2003
6	Jangtsebrücke Aizhai	Jishou, Prov. Hunan, SCN	CN	350	1.176	Straße	2012
7	Hängebr. Beipanjiang	Qinglong, Guizhou, SWC	CN	318	636	Straße	2009
8	Liuguanghe-Brücke	Liu Guangzhen, SWC	CN	297	240	Straße	2001
9	Zhijinghe-Brücke	Dazhipingzhen, SWC	CN	294	430	Straße	2009
10	Royal Gorge Bridge	Cañon City, US-CO	USA	291	286	Fußgäng.	1929
11	EB-Br. Beipanjiang	Liupanshui, Guizhou, SWC	CN	275	235	EB	2001
12	Millau-Viadukt	Millau, Dept. Aveyron	F	270	342	Straße	2004
	Mike O'Callaghan-Pat Tillman Memorial Br.	Clark Contry, US-NV, & Mohave County, US-AZ	USA	270	323	Straße	2010
14	New River Gorge Br.	Fayetteville, US-WV	USA	267	518	Straße	1977
15	Wulingshan-Brücke	Pengshui, Chongqing, SWC	CN	263	360	Straße	2009
16	Viadotto Italia	Laino Borgo, IT-78	I	259	175	Straße	1974
17	Jiangjihe-Brücke	Wenig'an, Guizhou, SWC	CN	256	330	Straße	1993
18	Sfalassa-Brücke	Bagnara Calabra, IT-78	I	254	160	Straße	1974
19	Azhihe-Brücke	Changliuxiang, Liuzhi,SWC	CN	247	283	Straße	2003
20	Malinghe-Brücke	Xingyi, Prov. Guizou, SWC	CN	241	360	Straße	2011
21	Furongjiang-Brücke	Haokouxiang, Pengshui, SC	CN	240	230	Straße	2009
22	Labajin-Brücke	Yingjing, Sichuan, SWC	CN	229	200	Straße	2012
23	Zhuchanghe-Brücke	Sanbanqiaozhen, Guizou	CN	224	200	Straße	2008
24	Auburn-Foresthill Br.	Auburn, US-CA	USA	223	263	Straße	1973
25	Platano-Viadukt	Salerno, Provinz IT-SA	I	220	291	Straße	1978
	Mangjiedu-Brücke	Yongxin Yizu Xiang, SWC	CN	220	220	Straße	2009
	Weijiazhou-Brücke	Gaojiayanzhen, SWC	CN	220	200	Straße	2009

[1] Auszug aus: https://de.wikipedia.org/wiki/Liste_der_höchsten_Brücken.
[2] Auszüge aus: http://structurae.de/bauwerke/bruecken-und-viadukte.

Die bestehenden längsten Tunnelbauwerke der Welt. [1]

Die Tafel zeigt die bestehenden längsten Tunnelbauwerke der Welt über 20.000 Meter Länge.

Rang	Name	Länge [m]	Staat*	Lage	Funktion	Fertig
1	U-Bahnlinie 3 (Guangzhou)	60.400	CN	Guangzhou	U-Bahn	2010
2	U-Bahnlinie 10 (Peking)	57.100	CN	Peking	U-Bahn	2012
3	Seikan-Tunnel(verbindet die Inseln Honshū/Hokkaidō)	53.850	J	Tsugaru-Straße	Eisenbahn	1988
4	Eurotunnel	50.450	F/GB	Ärmelkanal	Eisenbahn	1994
5	U-Bahnlinie 5	47.700	KR	Seoul	U-Bahn	1995
6	U-Bahn-L 9 -Serpuchowsko-Timirjasewskaja-Linie	41.500	RUS	Moskau	Metro	2002
7	MetroSur (Madrid, Linie 12)	40.960	ES	Madrid	U-Bahn	2003
8	Ōedo-Linie (Toei-U-Bahn)	40.700	J	Tokio	U-Bahn	2000
9	Lötschberg-Basistunnel (Frutigen, BE/Raron, VS)	34.576	CH	Alpen	Eisenbahn	2007
10	Neuer Guanjiao-Tunnel	32.645	CN	Qinghai	Eisenbahn	2014
11	U-Bahnlinie 7 (Berlin)	31.800	D	Berlin	U-Bahn	1984
12	Guadarrama-Tunnel (Doppelrohr-EB-Tunnel)	28.418	ES	SFS Madrid-Valladolid	Eisenbahn	2007
13	Taihang-Tunnel (Doppelrohr-EB-Tunnel)	27.848 (r. Sp.) 27.839 (l. Sp.)	CN	Taihang-Geb. d. Yue Xiao	Eisenbahn	2007
14	Large Hadron Collider (Kreistunnel)	26.659	CH/F	Genf	Teilchen-beschleiniger	1989
15	Hakkōda-Tunnel (Teil Tohoku Shinkansen)	26.500	J	Präf. Aomori	Eisenbahn	2010
16	Iwate-Ichinohe-Tunnel (Teil Tohoku Shinkansen)	25.810	J	Präf. Iwate	Eisenbahn	2002
17	Lærdalstunnel	24.510	NOR	E 16 Aurland-Lærdal	Straße	2000
18	Iiyama-Tunnel (HGEB)	22.225	J	Präf. Nagano	Eisenbahn	2013
19	Dai-Shimizu-Tunnel (Joetsu Shinkansen Linie)	22.170	J	Mikuni-Mountains	Eisenbahn	1982
20	Wushaoling-Tunnel (HGES Lanxin)	21.050	CN	Prov. Gansu	Eisenbahn	2006
21	Lüliangshan-Tunnel (Railway Taiyuan-Zhongwei-Yinchuan)	20.800 (l. Sp.) 20.787 (r. Sp.)	CN	Lüliang-Geb. Prov. Shanxi	Eisenbahn	2011
22	Geumjeong-Tunnel (HGES Seoul-Busan)	20.300	KR	Busan	Eisenbahn	2010

[1] Auszug aus: https://de.wikipedia.org/wiki/Liste_der_längsten_Tunnel_der_Erde.

Die gegenwärtig größten Stauseen der Welt. [1]

In der Tafel befinden sich die größten Stauseen der Welt ab 45.000 Mio. m³ Volumen.

Rang	Stausee	Volumen max. [Mio. m³]	Fläche max. [km²]	Tiefe [Ø] [m]	Staat/en & Lage	Fließge- wässer
1	Reservoir Viktoriasee	204.800	68.870	3,0	TZ (49 %), UG (45), KE (6); OAF	Nil
2	Kariba-Talsperre	180.600	5.580	32,4	ZW, ZM; Kariba-Schlucht, SAF	Sambesi
3	Bratsker Stausee	169.270	5.426	31,2	RUS; Bratsk, Oblast Irkutsk, AS	Angara
4	Nassersee (Assuan)	165.000	5.248	31,4	südl. EG, nördl. SD	Nil
5	Volta-Stausee	153.000	8.482	18,0	GH; Volta-Becken, Naturraum	Volta R.
6	Réservoir Manicouagan	141.852	1.942	73,0	CAN, Nôte-Nord, CA-QC, NA	Rivière M.
7	Guri-Stausee	138.000	4.250	32,5	VE, BS-Bolivar; SA	Rio Caroni
8	Krasnojarsker Stausee	73.300	2.130	34,4	RUS, Rep. Chakassien; Sibirien, AS	Jenissei
9	Wadi Tharthar	72.800	2.000	36,4	IQ, Gouvernements Salah ad-Din und al-Anbar	Euphrat / Tigris
10	Willstone Lake	70.309	1.761	39,9	CAN, Rocky Mountain Trech; CA-BC	Peace
11	Seja-Stausee	68.400	2.419	28,3	RUS, Oblast Amur, Ferner Osten; AS	Seja
12	Cahora-Bassa-Talsperre	65.000	2.800	23,2	MZ, Provinz Tete; SOAF	Sambesi
13	Grand-Ethiopian-Renaissance-TSP (i.B.)	63.000	1.680	37,5	ET, Benishangul-Gumuz, OAF	Blauer Nil
14	Réservoir Robert-Bourassa	61.700	2.835	21,8	CAN, Reg. Jamésie, Pr. Québec; NA	La Grande
15	Chapetón-Talsperre (i.B.)	60.600	?	?	AR, Villa Urquiza, Santa Fe; SA	Rio Paraná
16	Réservoir La Grande 3	60.020	2.420	23,7	CAN, Reg. Jamésie, Pr. Quèbec; NA	La Grande
17	Ust-Ilimsker Stausee	59.300	1.873	31,7	RUS, Oblask Irkutsk, Sibirien; AS	Angara
18	Bogutschanystausee	58.200	2.326	25,0	RUS, Reg. Krasnojarsk, Sibirien: AS	Angara
20	Kuibyschewer Stausee	58.000	6.450	9,0	RUS, auton. Rep. Tarstan; Europa	Wolga
21	Serra da Mesa Stausee	54.400	1.784	30,5	BR, Municipio de Minaçu, Goiás; SA	Tocantins
22	Caniapiscau-Stausee	53.790	4.318	12,5	CAN, Côte-Nord, CA-QC; NA	Caniapiscau
23	Buchtarma-Stausee	49.800	5.490	9,1	KZ, Ust-Kamenogorsk, Saissan, AS	Irtysch
24	Atatürk-Stausee	48.700	817	59,6	TR, Südostanatolien; AS	Euphrat
25	Irkutsker Stausee	45.00	?	?	RUS, Oblask Irkutsk; AS	Angara
26	Tucurui-Stausee	45.800	2.875	15,9	BR, Marabá, BS Pará; SA	Tocantins
27	Nischnekamsker Stausee	45.000	2.580	17.4	RUS, Tatarstan; Europa	Kama

[1] Auszug aus: https://de.wikipedia.org/wiki/Liste_der_größten_Stauseen_der_Erde.

Die höchsten Talsperren der Welt ab 240 Meter Höhe. [1]. [2]

In der Tafel befinden sich die höchsten Talsperren der Welt ab 240 Meter Höhe.

Rang	Talsperre	Höhe max. [m]	Länge max. [m]	Staat/en / Erdteil	Lage	Fließgewässer
1	Bachtiari-Talsperre (i.B.)	315	434	IR / Asien	Zãgros-Gebirge	Bachtiari
2	Shuangjiangkou-TSP (i.B.)	312	649	CN / Asien	Sichuan, SWC	Dadu He
3	Jinping I WKP (1. Kaskade)	305	569	CN / Asien	Sichuan, SWC	Yalong Jiang
4	Nurek-Staudamm	300	704	TJ / Asien	Norak/Duschanbe	Vachsch
5	Lianghekou-Talsperre (i.B.)	295	616	CN / Asien	Sichuan, SWC	Yalong Jiang
6	Xiaowan-Talsperre	292	900	CN / Asien	Yunnan, SWC	Mekong
7	Grande Dixence	285	695	CH / Europa	Sion, Kt. VS	Dixence
8	Baihetan-Talsperre (i.B.)	277	728	CN / Asien	Sichuan, Yunnan	Jinsha Jiang
9	Kambaratinsk (K.-Ata-Projekt)	275	560	KG / Asien	Naryn/Taschkömür	Naryn
10	Xiluodu-Talsperre (i.B.)	273	698	CN / Asien	Sichuan, Yunnan	Jangtsekiang
11	Enguri-Staumauer	271,5	750	GE / Asien	Mingrelien	Enguri
12	Vajont-Staumauer	261,6	190	I / Europa	Longarone (Alpen)	Vajont
13	Nuozhadu-Talsperre	261,5	608	CN / Asien	Nuozhadu, SWC	Lancang
14	Tehri-Talsperre	261	610	IN / Asien	Uttarakhand	Bhagirathi
	Manuel-M.-Torres-Staudamm	261	485	MEX / NA	Tuxtla Gutiérrez, BS Chiapas	Rio Grijalva, C. Sumidero
16	Álvaro-Obregón-Talsperre	260	88	MEX / NA	Guanajuato	Tenasco
17	Talsperre Mauvoisin	250	520	CH / Europa	Fionnay, Bagnes, Kt. VS	Dranse de Bagnes
	Laxiwa-Talsperre	250	460	CN / Asien	Qinghai, OC	Gelber Fluss
19	Deriner-Talsperre	249	720	TR / Asien	Provinz Artvin	Çoruh
20	Mica-Staudamm	243	792	CAN / NA	CA-BC	Columbia
	Gilgel Gibe III (i.B.)	243	610	ET / Afrika	SW-ET	Omo
	Alberto-Lleras-Talsperre	243	390	COL / SA	Dpt. Cundinamarca	Guavio
23	Sajano-Schuschenskaja-TSP	242	1.074	RUS / Asien	Rep. Chakassien, Rep. Tuwa, MS	Jenissei
24	Changheba-Talsperre	240	1.697	CN / Asien	Kangding, Garzê	Dadu He
25	Antamina-Staumauer (i.B.)	240	1.050	PE / SA	Provinz Huari	ASB
	Ertan-Talsperre	240	780	CN / Asien	Prov. Sichuan	Yalong

[1] Auszug aus: https://de.wikipedia.org/wiki/Liste_der_größten_Talsperren_der_Erde.
[2] Auszüge aus: http://structurae.de/bauwerke/talsperre-mauvoisin.

Die größten Wasserkraftwerke der Welt. [1], [2]

Die Tafel enthält die größten Wasserkraftwerke der Welt ab 4000 Megawatt Nennleistung.

Rang	Talsperre - Lage bzw. Ort, Region	Nenn-leistung [MW]	Jahr	Staat	Fluss
1	Drei Schluchten – Sandouping, Yichang, Prov. Hubei	18.200	2008	CN	Jangtsekiang
2	Itaipú – SA; Foz do Iguaçu (Paraná), Hernandarias	14.000	1983	BR, PY	Río Paraná
3	Xiluodu – SWC; Jinsha Jiang, Prov. Sichuan, Yunnan	12.600	2013	CN	Jangtsekiang
4	Baihetan – SWC; Jinsha Jiang, Prov. Sichuan, Yunnan	12.000	2020	CN	Jangtsekiang
5	Turuchansk – AS; Sibirien, auton. Reg. Evenkien	12.000* i.P.		RUS	U. Tunguska
6	Belo-Monte-WKW – SA; N.-Str. BR.230, BR-AM	11.000 i.B.		BR	Río Xingu
7	Guri – SA; Ciudad Bolívar, Ciudad Guayana BS VE-F	8.850	1986	VE	Río Caroní
8	Wudongde – SWC; Huidong (Sichuan) Luquan (Yunnan)	8.700 i.B.		CN	Jinsha Jiang
9	Tucuruí – SA; Tucuruí, Marabá, BR-PA	7.960	1984	BR	Rio Tocantins
10	Tasang – SOAS; Fluss Saluen Shan-Staat	7.110 i.P., i.B.		MM	Saluen
11	Grand Coulee – NA; Franklin Delano Roosevelt Lake, WA	6.495	1941	USA	Columbia R.
12	Sajano-Schuschensker-Stausee – AS; Krai Krasnojarsk	6.400	1980	RUS	Jenissei
13	WKW Krasnojarsk – AS; Rep. Chakassien, Sibirien	6.000	1972	RUS	Jenissei
	Xiangjiaba – AS; Pr. Sichuan (Yibin), Yunnan(Shuifu), SWC	6.000 i.B.		CN	Jangtsekiang
	Grand Ethiopian Ren. – AF; Reg. Benishangul-Gumuz	6.000	2017	ET	Nil Blauer
16	Nuozhadu – AS; Lancang der Lahu, Pr. Yunnan, SWC	5.850	2017	CN	Mekong
17	WKW Robert-Bourassa – NA; Jamésie Prov. CA-QC	5.616	1978	CAN	La Grande R.
18	WKW Churchill Falls – NA; Reg. Labrador, Pr. CA-NL	5.428	1971	CAN	Churchill R.
19	Jinping II – AS; Jinping-Biegung d. Yalong Jiang, SWC	4.800	2014	CAN	Yalong Jiang
20	Bratsk – AS; Tscheremchowo, Oblast Irkutsk, Sibirien	4.500	1967	RUS	Angara
21	Daimer-Bhasha – AS; Chilas, Region Gilgit-Baltistan	4.400 i.B.		PK	Indus
22	Ust-Ilimsk – AS; Ust-Ilimsk, Oblast Irkutsk, Ost-Sibirien	4.320	1977	RUS	Angara
23	Paolo Afonso – SA; Paulo Afonso, BR-Bahia	4.280	1955	BR	São Francisco
24	Xiaowan – AS; Lincang, Provinz Yunnan, SWC	4.200 i.B.		CN	Mekong
	Longtan – AS; auton. Geb. Guangxi der Zhuang, SC	4.200	2009	CN	Hongshui He
26	Corpus-Christi – SA; Pr. Misiones (AR), Dep. Itapúa (PY)	4.050 i.P.		AR, PY	Paraná

[1] Auszug aus: https://de.wikipedia.org/wiki/Liste_der_grössten_Wasserkraftwerke_der_Erde.

Die gegenwärtig 25 größten Kreuzfahrschiffe der Welt [1].

Die Tabelle gibt einen Überblick über die gegenwärtig 25 größten Kreuzfahrtschiffe der Welt.

Rang	Name	BRZ [-/-]	Länge [m]	Kabinen [Az]	Crew [Az]	Aktuelle Rederei	Bauklasse	Baujahr
1	Oasis of the Seas	225.282	360,00	2.704	2.165	Royal Caribbean International	Oasis	2009
2	Allure of the Seas	225.282	360,00	2.704	2.165	Royal Caribbean International	Oasis	2010
3	Quantum of the Seas	168.666	348,00	2.090	1.550	Royal Caribbean International	Quantum	2014
4	Anthem of the Seas	168.600	348,00	2.094	1.550	Royal Caribbean International	Quantum	2015
5	Norwegian Escape	163.000	324,00	2.100	1.731	Norwegian Cruise Line	Breakaway	2015
6	Norwegian Epic	155.873	329,25	2.100	1.690	Norwegian Cruise Line	F3	2010
7	Liberty of the Seas	154.407	338,75	1.817	1.360	Royal Caribbean	Freedom	2007
8	Independence of the Seas	154.407	338,94	1.817	1.360	Royal Caribbean	Freedom	2008
9	Freedom of the Seas	154.407	338,77	1.817	1.400	Royal Caribbean	Freedom	2006
10	Queen Mary 2	148.873	345,03	1.310	1.253	Cunard Line		2003
11	Norwegian Getaway	145.655	325,65	1.014	1.640	Norwegian Line	Breakaway	2014
12	Norwegian Breakaway	144.017	324,00	2.014	1.595	Norwegian Line	Breakaway	2013
13	Britannia	143.730	330,00	1.836	1.350	P&O Cruises	Royal	2015
14	Regal Princess	142.714	330,00	1.780	1.345	Princess Cruise	Royal	2013
15	Regal Princess	141.000	330,00	1.780	1.346	Princess Cruise	Royal	2014
16	MSC Preziosa	139.072	332,99	1.751	1.370	MSC Crociere	Fantasia	2013
17	MSC Divina	139.072	333,30	1.637	1.325	MSC Crociere	Fantasia	2012
18	MSC Splendida	137.936	333,30	1.637	1.332	MSC Crociere	Fantasia	2009
19	MSC Fantasia	137.936	333,30	1.637	1.325	MSC Crociere	Fantasia	2008
20	Navigator of the Seas	137.289	311,10	1.557	1.181	Royal Caribbean International	Voyager	2002
21	Voyager of the Seas	137.276	311,10	1.557	1.181	Royal Caribbean International	Voyager	1999
22	Mariner of the Seas	137.276	311,10	1.557	1.185	Royal Caribbean International	Voyager	2003
23	Explorer of the Seas	137.276	311,10	1.600	1.180	Royal Catibbean International	Voyager	2000
24	Adventure of the Seas	137.276	311,10	1.557	1.180	Royal Caribbean International	Voyager	2001
25	Costa Diadema	132.500	306,00	1.862	1.253	Costa Crociere	Dream	2014

(1)	bei Indienststellung 2010 größtes Kreuzfahrtschiff der Welt
(2)	bei Indienststellung 2009 größtes Kreuzfahrtschiff der Welt
(6)	nur ein Klassenschiff gebaut
(5, 6, 9, 12, 14, 16, 21)	Typschiff
(10)	verkehrt auch im transatlantischen Liniendienst
(25)	größtes Kreuzfahrtschiff unter italienischer Flagge

[1] Auszug aus: https://de.wikipedia.org/wiki/Liste_von_Kreuzfahrtschiffen.

Die gegenwärtig 40 größten Stadien der Welt. [1]

Rang	Sitzplätze	Name	Stadt	Land	Eröffnung
1	150.000	Stadion Erster Mai	Pjöngjang, C.-Prov.	KP	1989
2	107.601	Michigan Stadium	Ann Arbor, US-MI	USA	1927
3	106.572	Beaver Stadium	State College, US-PA	USA	1960
4	104.944	Ohio Stadium	Columbus, US-OH	USA	1922
5	102.512	Kyle Field	College Station, TX	USA	1927
6	102.455	Neyland Stadium	Knoxville, US-TN	USA	1921
7	102.321	Tiger Stadium	Baton Rouge, US-LA	USA	1924
8	101.821	Bryant-Denny Stadium	Tuscaloosa, US-AL	USA	1929
9	100.119	Texas Memorial Stadium	Austin, US-TX	USA	1924
10	100.024	Melbourne Cricket Ground	Melbourne, AU-VIC	AUS	1853
11	99.354	Camp Nou	Barcelona, ES-CT	ES	1957
12	95.500	Aztekenstadion	Mexiko-City., DF	MX	1966
13	94.736	FNB-Stadion	Johannesburg, GT	ZA	1989
14	93.607	Los Angeles Memorial Coliseum	Los Angeles, US-CA	USA	1923
15	92.746	Sandford Stadium	Athens, US-GA	USA	1929
16	92.200	Cotton Bowl Stadium	Dalles, US-TX	USA	1932
17	91.136	Rose Bowl Stadium	Pasadena, US-CA	USA	1922
18	90.000	Wembley-Stadion	London, GB-EGL	UK	2007
19	88.500	Ben Hill Griffin Stadium	Gainesville, US-FL	USA	1930
20	88.306	Gelora-Bung-Karno-Stadion	Jakarta, HD, Java	ID	1962
21	87.451	Jordan-Hare Stadium	Auburn, US-AL	USA	1939
22	87.411	Nationalstadion Bukit Jalil	Kuala Lumpur, KL	MY	1998
23	84.412	Azadi-Stadion	Teheran, Pr. Teheran	IR	1971
24	83.500	ANZ Stadium	Sydney, AU-NSW	AUS	1999
25	82.566	MetLife Stadium	East Rutherford, NJ	USA	2010
26	82.300	Doak Campbell Stadium	Tallahassee, US-FL	USA	1950
27	82.300	Croke Park	Dublin, Prov. Leinster	IE	1916
28	82.112	Gaylord Family Oklahoma Memorial Stadium	Norman, US-OK	USA	1923
29	82.000	Twickenham Stadium	London, England	UK	1981
30	81.500	Clemson Memorial Stadium	Clemson, US-SC	USA	1942
31	81.067	Lincoln Memorial Stadium	Lincoln, US-NE	USA	1923
32	81.000	Olympiastadion Luschniki	Moskau, ZRL	RUS	1956
33	80.795	Notre Dame Stadium	South Bend, US-IN	USA	1930
34	80.750	Lambeau Field	Green Bay, US-WI	USA	1957
35	80.354	Estadio Santiago Bernabéu	Madrid, ES-MD	ES	1947
36	80.321	Camp Randall Stadium	Madison, US-WI	USA	1917
37	80.250	Williams-Brice Stadium	Columbia, US-SC	USA	1934
38	80.093	Estadio Monumental „U"	Lima, Prov. Lima	PE	2000
39	80.051	Stade de France	Saint-Denis, FR-93	FR	1998
40	80.018	Giusseppe-Meazza-Stadion	Mailand, IT-25	IT	1926

[1] Auszug aus: https://de.wikipedia.org/wiki/Liste_der_größten_Stadien_der_Welt.

Die zehn größten Fußballstadien der Welt. [1]

Die Tafel nennt die zehn größten Fußballstadien der Welt, die mehr als 85.000 Sitzplätze haben und für Fußball genutzt werden

Rang	Sitzplätze	Name	Stadt	Land	Eröffnung
1	150.000	Stadion Erster Mai	Pjöngjang	KP	1989
2	100.024	Melbourne Cricket Ground	Melbourne	AUS	1853
3	99.354	Camp Nou	Barcelona	ES	1957
4	95.500	Aztekenstadion	Mexiko-Stadt	MEX	1966
5	95.225	Azadi	Teheran	IR	1971
6	94.700	Soccer City	Johannesburg	ZA	2009
7	91.136	Rose Bowl Stadium	Pasadena, US-CA	USA	1923
8	91.000	Nationalstadion Peking	Peking	CN	2008
9	90.000	Wembley-Stadion	London, England	UK	2007
10	88.306	Gelora-Bung-Stadion	Jakarta	ID	1962

[1]   Auszug aus: https://de.wikipedia.org/wiki/Liste_der_größten_Fußballstadien_der_Welt.

Die größten Skisprung-Großschanzen der Welt. [1]

Die Tafel nennt ausgewählte Skisprung-Großschanzen (geordnet nach der HS) mit dem Namen, Land, Baujahr, in Klammer gesetzt den Um- bzw. Ausbau, mit einer Hillsize[1] von 130 bis 145 Metern und einem K-Punkt[2] von 120 bis 130 m, dem aktuellen Schanzenrekord und ob sie als Mattenschanze nutzbar ist.

Rang	Ort	Schanzenname	Land	B.-Jahr (Reko)	FIS	M	HS [m]	KP [m]	Rekord [m]
1	Willingen	Mühlenkopfschanze	D	1951 (2000)	2015	n	145	130	152,0
2	Titisee-Neust.	Hochfirstschanze	D	1950 (2003)	2015	n	142	125	145,0
	Kuusamo	Rukatunturi-Schanze	FI	1964 (1996)	2015	j	142	120	150,5
	Harrachov	Čert`ák-Großschanze	CZ	1979	2014	n	142	125	145,5
5	Yabuli	Dragon Hill	CN	2008	2013	n	140	125	138,5
	Whistler	Whistler Olympic Park Ski Jumps	CAN	2007	2018	n	140	125	149,0
	Tschaikowski	Sneschinka	RUS	2012	2017	j	140	125	136,5
	Trondheim	Granåsen	NOR	1990 (2008)	2016	j	140	124	143,0
	Sotschi	RusSki Gorki	RUS	2018	2017	j	140	125	139,0
	Pveongchang	Alpensia Jumping Park	KR	2009	2014	j	140	125	135,0
	Pragelato	Stadio del Trampolino	I	2004	2014	j	140	125	144,0
	Oberhof	Hans-Renner-Schanze	D	1961	2011	j	140	120	147,0
	Klingenthal	Vogtland Arena	D	2006	2015	j	140	125	146,5
	Garmisch-Partenkirchen	Große Olympiaschanze	D	1921 (2007)	2017	j	140	125	143,5
	Erzurum	Kiremitliktepe	TR	2010	2015	j	140	125	143,5
	Bischofshofen	Paul-Ausserleitner-Schanze	AT	1947 (2003)	2018	j	140	125	143,0
	Almaty	Gorney Gigant	KZ	2010	2015	j	140	125	142,0
18	Rena	Renabakken	NOR	1933 (2012)	n.b.	j	139	124	140,0
	Planica	Bloudkova Velikanka	SL	1934 (2012)	2017	j	139	125	147,5
20	Lillehammer	Lysgårds-Schanze	NOR	1992 (2006)	2016	j	138	123	146,0
21	Oberstdorf	Schattenbergschanze	D	1946 (2003)	2018	j	137	120	143,5
	Engelberg	Gross-Titlis-Schanze	CH	1971 (2000)	2015	n	137	125	141,0
23	Thunder Bay	Big Thunder	CAN	1970	1999	n	(136)	120	137,0
24	Zakopane	Wielka Krokiew	PL	1925	2016	j	134	120	140,5
	Sapporo	Ōkurayama-Schanze	J	1969 (2007)	2015	j	134	120	141,0
	Oslo	Holmenkollen	NOR	1892 (2010)	2015	n	134	120	141,0
	Lake Placid	Olympiaschanze	USA	1931 (1979)	2015	n	134	120	135,5
	Falun	Lugnet-Schanze	SWE	1972 (2014)	2014	j	134	120	135,5
29	Iron Mountain	Pine Mountain Jump	USA	1938	2015	n	133	120	140,0
	Muju	Muju Resort	KR	1990	2001	j	133	120	136,0
31	Courchevel	Tremplin au Praz	F	1990 (2012)	2016	j	132	120	134,5
32	Hakuba	Hakuba – Large Hill	J	1992	2015	j	131	120	137,0
33	Lathi	Salpausselkä-Schanze	FI	1977	2015	j	130	116	135,5
	Innsbruck	Bergiselschanze	AT	1927 (2001)	2016	j	130	120	137,0

[1] HS: Hillsize: Dies ist die Größe der Sprungschanze in Metern.
[2] KP: K-Punkt: Dieser gibt den Konstruktionspunkt der Sprungschanze an.
[1] Auszug aus: https://de.wikipedia.org/wiki/Liste_der_Großschanzen.

Die Rangfolge der Skiflugschanzen der Welt. [1]

Die Tafel enthält eine gegenwärtige Rangfolge der bekannten Skiflugschanzen der Welt.

Rang	Ort	Schanzenname	Land	B.-Jahr (Reko)	HS [m]	KP [m]	Rekord
1	Planica	Letalnica bratov Gorišek	SI	1969 (2013/14)	225	200	248,5
	Bad Mitterndorf	Kulm	AT	1950 (2014)	225	200	237,5
	Vikersund	Vikersundbakken	NOR	1936 (2010)	225	200	251,5
2	Oberstdorf	Heini-Klopfer-Skiflugschanze	D	1961 (1973, 2016)	213 (228)	185 (200)	225,5
3	Harrachov	Čert`ák-Skiflugschanze	CZ	1979	205	185	214,5
	Ironwood[*]	Copper Peak	USA	1969 (1988)		160	158,0
[*]	1994 stillgelegte Skiflugschanze						

[1] Auszug aus: https://de.wikipedia.org/wiki/Liste_der_Skiflugschanzen.

Die größten Normalschanzen der Welt. [1]

In die Tafel wurde eine Auswahl von Normalschanzen mit einem HS ab 100 Metern aufgenommen.

Rang	Ort	Schanzenname	Land	FIS	Matte	HS [m]	KP [m]	Rekord [m]
1	Rena	Renabacken	NOR	n	n	111	99	116,0
2	Kranj	Bauhenk	SI	j	j	109	100	119,0
	Seefeld	Toni-Seelos-Olympiaschanze	AT	j	n	109	99	114,5
	Pyeongchang	Alpensia Jumping Park	KR	j	j	109	98	105,0
	Erzurum	Kiremitliktepe	TR	j	j	109	95	111,5
3	Jyväskylä	Matti Nykäsen Mäki	FI	n	j	108	100	110,0
	Hinterzarten	Adler-Skistadion	D	j	j	108	95	112,5
	Tschaggungs	Montafoner Schanzenzentrum	AT	j	j	108	95	104,0
4	Frenštát pod Radhoštěm	Areal Horečky	CZ	j	j	106	95	107,0
	Kandersteg	Lötschbergschanze	CH	n	j	106	95	100,0
	St. Moritz	Olympiaschanze	CH	n	n	106	95	105,5
	Sotschi	RusSkiGorki	RUS	j	j	106	95	108,0
	Tschaikowski	Sneschinka	RUS	j	j	106	95	105,0
	Magadan	Tramplin Solar	RUS	n	j	106	95	i.B.
	Szczyrk	Skalite-Schanze	PL	j	j	106	95	116,0
	Oslo	Midtstuen	NOR	j	j	106	95	110,0
	Almaty	Gorney Gigant	KZ	j	j	106	95	106,0
	Oberwiesenthal	Fichtelbergschanzen	D	j	j	106	95	108,5
	Oberstdorf	Schattenbergschanze	D	j	j	106	95	105,0
	Schonach	Langenwaldschanze	D	j	n	106	95	105,0
	Pragelato	Stadio del Trampolino	I	j	j	106	95	104,5
	Predazzo/Val di Fiemme	Trampolino dal Ben	I	j	j	106	95	109,5
	Whistler	Wh. Olympic Park Ski Jumps	CAN	j	n	106	95	109,5
	Trondheim	Granåsen	NOR	j	j	106	90	105,0
5	Chamonix	Le Mont	F	n	n	105	95	110,0
6	Planica	Srednija	SI	j	j	104	95	110,0
	Lauscha	Marktiegelschanze	D	j	n	102	92	109,0
7	Oberhof	Schanze im Kanzlergrund	D	j	j	100	90	100,0
	Ruhpolding	Toni-Plenk-Schanze	D	j	n	100	90	102,0
	Yabuli	Dragon Hill	CN	j	n	100	90	100,0
	Otepää	Tehvandi-Schanze	EE	j	j	100	90	102,0
	Sapporo	Miyanomori	J	j	j	100	90	106,0
	Lillehammer	Lysgårds-Schanze	NOR	j	j	100	90	106,5
	Râşnov	Trambulina Valea Cărbunării	RO	j	j	100	90	96,0
	Falun	Lugnet-Schanzen	SE	j	j	100	90	105,0
	Štrebské Pleso	MS 1970 „B"	SK	j	j	100	90	102,5
	Harrachov	Čert`ák Normalschanze	CZ	j	j	100	90	102,5
	Liberec	Ještěd „B"	CZ	j	j	100	90	114,0
	Lake Placid	MacKencie ISJC	USA	j	j	100	90	108,0

[1] Auswahl aus: https://de.wikipedia.org/wiki/Liste_von_Normalschanzen.

Die größten Verkehrsflughäfen – Großflughäfen - der Welt. [1]

Die Tafel zu den größten Verkehrsflughäfen der Welt nennt die, die im Jahre 2013 mehr als 300.000 Flugbewegungen hatten und über 30 Mio. Flugreisende abfertigten. Genannt werden 33 Flughäfen mit den Kenndaten IATA- und ICAO-Code, Höhe ü. Meeresspiegel, Eröffnungsjahr, Frachtumschlag, Start- und Landebahnen sowie Fläche aus [1].

Rang	Flughafenname	IATA-Code	ICAO-Code	FB [Az]	Höhe [m]	Jahr	Passagiere [Az]	Fracht [t]	SLB [Az]	Fläche [ha].
1	Atlanta	ATL	KATL	950.119	316	1925	94.430.785	659.129	5	1.518
2	Chicago O'Hara	ORD	KORD	882.617	204	1955	66.883.271	1.424.077	7	2.833
3	Dallas/Fort Worth	DFW	KDFW	656.310	185	1974	60.436.266	652.261	7	7.318
4	Denver	DEN	KDEN	630.089	1.655	1995	52.556.359	286.925	6	13.760
5	Los Angeles	LAX	KLAX	601.416	38	1928	66.702.252	1.810.345	4	1.386
6	Houston	IAH	KIAH	531.347	30	1969	39.865.325	426.875	5	4.452
7	Charlotte	CLT	KGLT	529.101	228	1935	43.456.310	120.754	4	2.428
8	Peking	PEK	ZBAA	517.584	35	1958	83.712.355	1.475.469	3	961
9	Las Vegas	LAS	KLAS	505.591	665	1948	41.856.787	85.728	4	1.133
10	Charles de Gaulle	CDG	LFPG	499.997	119	1974	62.052.917	1.865.200	4	3.500
11	London-Heathrow	LHR	EGLL	476.197	25	1946	72.368.030	1.507.456	2	1.333
12	Frankfurt a. Main	FRA	EDDF	472.692	111	1936	58.036.948	2.127.893	4	2.160
12	Phoenix	PHX	KPHX	461.989	335	1935	40.318.451	302.146	3	1.213
13	Philadelphia	PHL	KPHL	460.779	11	1940	30.504.112	419.659	4	917
14	Detroit	DTW	KDTW	452.616	196	1929	32.389.544	193.347	6	2.711
15	Minneapolis-S. P.	MSP	KMSP	434.120	256	1923	33.870.693	211.018	4	1.376
16	Toronto	YYZ	CYYZ	418.051	173	1939	36.037.962	471.337	5	1.807
17	NY Newark	EWR	KEWR	403.880	6	1928	35.016.236	779.642	3	820
18	Amsterdam Schiphol	AMS	EHAM	402.374	-4	1916	52.569.250	1.542.926	6	2.787
19	NY John-F.-Kennedy	JFK	KJFK	397.419	4	1942	50.423.765	1.343.114	4	1.995
20	Mexiko-Stadt	MEX	MMMX	396.567	2.230	1952	31.534.638	376.590	2	746
21	NY LaGuardia	LGA	KLGA	391.872	4	1929	26.729.202	17.883	2	275
22	München	MUC	EDDM	389.864	448	1992	38.672.544	287.089	2	1.618
23	San Francisco	SFO	KSFO	387.248	4	1927	44.944.201	432.235	4	2.093
25	Miami	MIA	KMIA	376.208	2	1928	40.563.071	1.835.793	4	1.307
26	Bosten	BOS	KBOS	368.987	6	1923	30.236.088	546.379	5	971
27	Tokio-Haneda	HND	RJTT	342.804	6	1931	68.906.636	804.995	4	1.271
28	Orlando	MCO	KMCO	334.784	29	1976	34.973.645	198.009	4	5.381
29	Madrid-Barajas	MAD	LEMD	333.065	610	1931	39.710.903	345.802	4	3.944
30	Rom-Fiumicino	FCO	LIFR	329.269	5	1961	36.165.762	151.867	4	1.660
31	Seattle-Tacoma	SEA	KSEA	313.954	132	1944	34.824.281	283.967	2	1.093
32	Hongkong	HKG	VHHH	306.535	9	1998	59.609.414	4.168.394	2	1.255
33	Singapur	SIN	WSSS	301.700	7	1981	53.726.087	1.870.000	3	1.300

[1] Auszug aus: https://de.wikipedia.org/wiki/Liste_der_größten_Verkehrsflughäfen.

Die gegenwärtig 40 höchsten Achterbahnen der Welt.
Genannt werden die höchsten Achterbahnen der Welt, inkl. einer im Bau befindlichen (*).

Rang	Achterbahn	Park / Standort / BS, BL / Land	Eröffnung / Material	Höhe [m] .
*	SkyScraper	SkyPlex / Orlando / Florida / USA	2018 / Stahl	173,0
1	Kingda Ka	Six Flags Great Adventure / Jackson / New Jersey / USA	2005 / Stahl	139,0
2	Top Thrill Dragster	Cedar Point / Sanduski / Ohio / USA	2003 / Stahl	128,0
3	Superman: Escape from Krypton	Six Flags Magic Mountain / Valencia / Kalifornien / USA	1997 / Stahl	126,5
4	Tower of Terror II	Dreamworld / Coomera / Queensland / AUS	1997 / Stahl	115,0
5	Fury 325	Carowinds / Charlotte / NC / USA	2015 / Stahl	99,1
6	Steel Dragon 2000	Nagashima Spa Land / Kuwana / Kinki / Japan	2000 / Stahl	97,0
7	Millennium Force	Cedar Point / Sandusky / Ohio / USA	2000 / Stahl	94,5
8	Leviathan	Canada's Wonderland / Vaughan / Ontario / Kanada	2012 / Stahl	93,3
9	Intimidator 305	Kings Dominion / Doswell / Virgina / USA	2010 / Stahl	93,0
10	Thunder Dolphin	Tokyo Dome City / LaQua / Bunkyo / Japan	2003 / Stahl	80,0
11	Fujiyama	Fuji-Q Highland / Fujiyoshida / Jamanashi /Japan	1996 / Stahl	79,0
	Dinconda	China Dinosaurs Park / Changzhou / Jiangsu / China	2012 / Stahl	79,0
13	Shambala	PortAventura / Salou / Katalonien / Spanien	2012 / Stahl	76,0
	Eejanaika	Fuji-Q Highland /	Japan	76,0
15	Titan	Six Flags Over Texas Arlington / Texas / USA	2001 / Stahl	74,7
16	Silver Star	Europa-Park / Rust / BW / Deutschland	2002 Stahl	73,0
	Kärnan	Hansa-Park / Sierksdorf / SH / Deutschland	2015 Stahl	73,0
18	Goliath	Six Flags Magic Mountain / Valencia / Kalifornien / USA	2000 Stahl	71,6
19	Intimidator	Carowinds / Fort Mill/ SC / USA	2010 Stahl	70,7
20	Behemoth	Canada's Wonderland / Vaughan / Ontario / Kanada	2008 Stahl	70,1

Rang	Achterbahn	Park / Standort / BS, BL / Land	Eröffnung / Material	Höhe [m] .
20	Behemoth	Canada's Wonderland / Vaughan / Ontario / Kanada	2008 Stahl	70,1
	Diamondback	Kings Island / Kings Mills / Ohio / USA	2009 / Stahl	70,1
	Nitro	Six Flags Great Adventure Jackson / New Jersey/ USA	2001 / Stahl	70.1
23	Speed – The Ride	Nascar Café / Las Vegas / Nevada / USA	2000 / Stahl	68,3
24	Superman El Último Escape	Six Flags Mexico / Mexiko-Stadt / Mexiko	2004 / Stahl	67.0
25	Mr. Freeze: Reverse Blast	Six Flags Over Texas / Arlington / Texas / USA	1998 / Stahl	66,4
26	Mr. Freeze: Reverse Blast	Six Flags St. Louis / Eureka / Missouri / USA	1998 / Stahl	66,4
27	Wicked Twister	Cedar Point / Sandusky / Ohio / USA	2002 / Stahl	66,5
28	Diving Coaster	Happy Valley / Guangzhou / Guangdong / CN	2009 / Stahl	65.0
29	The Big One	Pleasure Beach Blackpool / Blackpool / Lancashire / UK	1994 / Stahl	64,9
30	Big Air	E-DA Theme Park / Dashu Township / Taiwan	2010 / Stahl	63,8
31	Desperado	Buffalo Bill's Resort & Casino Primm / Nevada / USA	1994 / Stahl	63,7
32	Bizarro	Six Flags New England / Agawam / MA / USA	2000 / Stahl	63,4
	Ride of Steel	Darien Lake / Darien Center / NY / USA	1999 / Stahl	63,4
34	Wild Thing	Valleyfair! / Shakopee / Minnesota / USA	1996 / Stahl	63,1
35	Zaturn	Space World / Kitakyūshū / Fukuoka / Japan	2006 / Stahl	62,6
36	Stealth	Thorpe Park / Chertsey / Surrey / UK	2006 / Stahl	62,5
	Xcelerator	Knott's Berry Farm / Nahe Los Angeles / CA / USA	2002 / Stahl	62,5
	Mamba	Worlds of Fun / Kansas City / Missouri / USA	1898 / Stahl	62,5
	Magnum XL-200	Cedar Point / Sandusky / Ohio / USA	1989 / Stahl	62,5
	Griffon	Busch Gardens Europe / Williamsburg / Virginia / USA	2007 / Stahl	62,5

[1] Auszug aus: https://de.wikipedia.org/wiki/Liste_der_höchsten_Achterbahnen_der_Welt.

Die größten bestehenden Statuen der Welt mit mehr als 50 Meter Höhe. [1]

Die Tafel der höchsten Statuen nennt solche mit einer Gesamthöhe über 55 m und einer Figurenhöhe über 20 m. Sie basiert sowohl auf der Liste der höchsten Statuen aus der Literaturstelle [1] wie auch auf den Einzelnachweisen 1 bis 45 dieser Literaturangabe, außerdem wurden einige Informationen aus den Links zum Namen, Motiv, Standort, zur Höhe (Gesamthöhe, Höhe der Figur, Höhe des Sockels) und zum Jahr der Fertigstellung der Statuen mit in diese Liste aufgenommen.

Rang	Name	Motiv	Standort	Staat	Höhe [m] Gesamt/Figur/Sockel			Jahr
1	Zhongyuan Buddha	Buddha	Lushan	CN	153	128	25	2002
2	Laykyun Setkyar	Buddha	Monywa	MM	129,23	115,82	13,41	2008
3	Ushiku Daibutsu	Buddha[(1)]	Ushiku	J	120	100	20	1995
4	Guanyin-Statue	Avalokiteshvara	Sanya	CN	108	78	30	2005
5	Cristo Rei	Jesus Christus	Almada	PT	103	28	75	1959
6	Mutter-Heimat-Statue	Mutter Heimat	Kiew	UA	102	62	40	1981
7	Großer Buddha am Lingshan	Buddha[(2)]	Wuxi	CN	100	88	12	1996
	Sendai Dai-Kannon	Avalokiteshvara	Sendai	J	100			1991
	Sekai Heiwa Dai-Kannon	Avalokiteshvara	Awaji-shima	J	100	80	20	1982
10	Guishan Guanyin von	Avalokiteshvara	Weishan	CN	99			
11	Denkmal für Peter I.	Peter der Große	Moskau	RUS	96			1997
12	Freiheitsstatue	Libertas	New York	USA	92,99	46,05	46,94	1886
13	Großer Buddha von Ang Thong	Buddha	Wat Muang, Ang Thong	TH	92			2008
14	Hokkaidō Dai-Kannon	Avalokiteshvara	Ashibetsu	J	88			1989
15	Mutter-Heimat-Statue	Mutter-Heimat	Wolgograd Mamajew-Hügel	RUS	87	85	2	1916
16	Guan-Yu-Statue	Guan Yu	Yuncheng	CN	80	61	19	2010
17	Guanyin-Statue am Mount Xiqiao	Avalokiteshvara	Foshan-Nanhai	CN	76,90	61,90	15	1998
18	Kaga Dai-Kannon	Avalokiteshvara	Kaga	J	73			1988
19	Gr. Stehender Maitreya	Maitreya	Emei, Xinzhu	TW	72			2011
20	Shōdoshima Dai-Kannon	Avalokiteshvara	Shōdoshima	J	68			1995
21	Phra Phuttha Ratana Mongkhon Maha Muni	Buddha	Roi Et	TH	67,85	59,20	8,65	n.b.
22	Jibo Dai-Kannon	Avalokiteshvara	Kurume	J	62			1983
23	Arbeiter und Kolchosbäuerin	Arbeiter und Kolchosbäuerin	Moskau	RUS	59	24,50	34,50	1937
24	Lenindenkmal	Lenin	Wolgograd	RUS	57	27	30	1973
	Aizu Jibo Dai-Kannon	Avalokiteshvara	Aizu-Wakamatsu	J	57			1987
26	Jalesveva-Jayamahe-Statue	Indonesischer Marineoffizier	Surabaya	ID	56,90	30,80	26,10	1996
27	Tōkyō-wan-Kannon	Avalokiteshvara	Futtsu	J	56			1961
	Santa Rita de Cássia (Santa Cruz)	Rita von Cascia	Santa Cruz, Rio Grande do Norte	BR	56	50	6	2010

[(1)] Amitābha ist ein Buddha des Unermesslichen Lichtglanzes
[(2)] Siddhartha Gautama (563-483 BC) lehrte als Buddha den Dharma u. wurde Begründer des Buddhismus

[1] Auszug aus: https://de.wikipedia.org/wiki/Liste_der_höchsten_Statuen.

Die geplanten höchsten Statuen der Welt ab 45 Meter Höhe. [1]

Die Tafel nennt die geplanten höchsten Statuen der Welt mit einer Gesamthöhe ab 45 Metern. Sie basiert sowohl auf der Liste der geplanten höchsten Statuen aus der Literaturstelle [1] wie auch auf den Einzelnachweisen 87 bis 106 dieser Literaturangabe, außerdem wurden einige Informationen aus den Links zum Namen, Motiv, Standort und zur Höhe (Gesamthöhe, Höhe der Figur, Höhe des Sockels) der Statuen mit in diese Liste aufgenommen.

Rang	Name	Motiv	Standort	Staat	Höhe [m]
1	Statue of Unity	Vallabhbhai Patel (1875-1950)	Sadhu Bet, nahe Sardar-Sarovar-Talsperre	IN	182
2	Crazy Horse Memorial	Crazy Horse	Black Hills, US-SD	USA	172
3	Garuda Wisnu Kencana Statue	Vishnu mit Garuda	Garuda Wisnu Kencana, Cultural Park, Bali	ID	146
4	Birth of the New World	Christoph Kolumbus (um 1451-1506)	Arecibo, USA-Außengebiet	PR	126
5	Marienstatue von Montemaria	Maria (Mutter Jesu)	Bucht von Batangas	PH	102
6	Shivaji-Statue[1]	Shivaji Maharaj (um 1630-1680)	Mumbai (bis 1996 Bombay), BS Maharashtra	IN	94,2
7	Noah-Statue	Noah	Tapanuli Tengah	ID	80
8	Waking the Dragon[2]	Drache	Wrexham, Wales	UK	64
9	Jesus von Huila	Jesus Christus	Palermo	CO	60
10	Maitreva-Statue	Buddha (Maitreya)	Bodhgava, BS Bihar	IN	45

[1] Höhe der Figur: 48,5 m; Höhe des Sockels: 45,7 m – EN: 97, 98 aus [1];

[2] Höhe der Figur: 22,9 m; Höhe des Sockels: 41,1 m – EN: 101, 102 aus [1].

[1] Auszug aus: https://de.wikipedia.org/wiki/Liste_der_höchsten_Statuen.

Die größten Monolithen der Welt. [1]

Erfasst sind Monolithen im Steinbruch sowie transportierte, kranbewegte und emporgehievte.

Monolithen im Steinbruch. [1]

Die Tafel Monolithen im Steinbruch führt solche auf, welche im Steinbruch verblieben sind.

Rang	Masse [t]	Name	Typ	Ort	Erbauer	Bemerkungen Maße [m]
1	1.650	unbekannter Monolith	Baustein, Kalkstein	Baalbek, Gouv. Bekaa, LB	Römisches Reich	L: 19,6; B: 6,5; mind. H: 5,5; erst 2014 entdeckt
2	1.242	unbekannter Monolith	Baustein, Kalkstein	Baalbek Gouv. Bekaa LB	Römisches Reich	L: 19,50 – 20,50; B: 4,34 - 4,56; H: 4,50; in den 1990ern entdeckt
3	1.168	unvollendeter Obelisk	Obelisk, Rosengranit	Assuan, Gouv. Assuan, EG	Altes Ägypten	L: 41,75; B: 2,50 – 4,40
4	1.000	Stein des Südens	Baustein, cretacischem Kalkstein	Baalbek, Gouv. Bekaa, LB	Römische Reich	L: 20,31 – 20,76; B: unten 4,00; oben 4,14 – 5,29; H: 4,21 - 4,32

Transportierte Monolithen. [1]

Die Tafel nennt über Land möglicherweise auch zu Wasser transportierte Monolithen.

Rang	Masse [t]	Name	Typ	Ort	Erbauer	Bemerkungen Maße [m, t]
1	1.250	Donnerstein	Felsblock-Findling	St. Petersburg, Senatsplatz, RUS	Russisches Kaiserreich, 1782	Fundort: Lahti, FI; Rohmasse: rd. 2.000; L: 13,42; B: 6, 71; H: 8,24
2	> 1.000	Ramesseum	Statue des Ramses II (1279/13 BC)	Theben-West, West Bank, Luxor, EG	Altes Ägypten, um 1260 BC	roter Assuan-Granit, H: 17,5 (18,0);
3	Ø 800	Trilithon	drei Bausteine,	Baalbek, Gouv. Bekaa, LB	Römisches Reich	L_1: 19,60; L_2: 19,30; L_3: 19,10; T: 3,65; H: 4,34
4	Ø 700	Memnon-kolosse	zwei Statuen	Theben EG	Altes Ägypten, 14. Jh. BC	südl. St.: 13,97; GH: 17,27 nördl- St.: 14,76; GH: 18,36
5	550-600	Klagestein	Baustein	Jerusalem, IL	Altes Israel, Juden, 19. Jh.	Klagemauer H: 19,0
6	Ø 350	Steinlage unter Trilithon	mehrere Bausteine	Baalbek, Gouv. Bekaa	Römisches Römische	mehrere Ø 350, Jupitertempel
7	roh: 350 280	Grand Menhir Brisé	Megalith, Orthogneis	Locmariaquer, Bretagne, F	Megalitkultur (4700/2000 BC)	GL: 20,60; errichtet: H: 18,50; Erde: 2,10

Kranbewegte Monolithen.

Die Tafeln nennen land- und ggf. wasserbeförderte und mit Kränen aufgerichtete Monolithen.

Aufgerichtete Monolithen.

Monolithen, von denen man weiß oder vermutet, dass sie von Kränen in eine aufrechte Stellung gezogen wurden.

Rang	Masse [t]	Name	Typ	Ort	Erbauer	Bemerkungen Maße [m, t]
1	600	Alexander-Säule	Säulenschaft, roter Rapakivigranit,	St. Petersburg, Palastplatz, RUS	Russisches Kaiserreich, 1834 aufgestellt	GH: 47,50; Säule: 25,45; Ø: 3,50
2	361	Vatikan-Obelisk	ägypt. Obelisk, roter Granit	Rom, Petersplatz, I	Papst Sixtus V 1586 Ddoenico Fontana aufgest.	H: 25,36;
3	285	Pompeius-säule, ben.: Gnaeus Pompeius Magnus	Säulenschaft, roter Assuangranit	Alexandria, römische Ehrensäule, EG	Römisches Reich, errichtet: 297/8 AC	H: 20,46 Ø Basis: 2,71; für Kaiser Diokletian

Emporgehievte Monolithen.

Monolithen, von denen man weiß o. vermutet, dass sie mit Kränen frei hoch gehievt wurden.

Rang	Masse [t]	Name	Typ	Ort	Erbauer	Bemerkungen, Maße [m, t]
1	230	Mausoleum des Theoderich	Kuppeldach	Ravenna, Pr. RA Reg. EmiliaI-Romagna	Ostgoten-reich, (493-553)	Ø: 11,00; H: 2,50; D: 1,00
2	108	Jupitertempel	Gesimsblock	Baalbek, Gouv. Bekaa, LB	Römisches Reich	H: 19
3	63	Jupitertempel	Architrav-Friesblock	Baalbek, Gouv. Bekaa, LB	Römisches Reich	H: 19
4	1.100	Trajansäule f. röm. Kaiser Traja (98/117)	Kapitellblock, lunensischer Marmor	Rom, I	Römisches Reich, 113 AC geweiht	H: ~34 (35,1-38,4), 29 Blöcke

[1] https://de.wikipedia.org/wiki/Liste_der_größten_Monolithen_der_Welt.

[2] Liste der antiken griechischen und römischen Monolithen.

Die größten bekannten Steinkugeln der Welt. [1]

Diese Tafel der größten Steinkugeln der Welt, aus Naturstein aus einem Stück oder aus mehreren Teilen gefertigt, enthält diejenigen, die einen Durchmesser ab 1.80 Meter haben.

Rang	Ø [m]	Name	Standort	Land	Jahr	Bemerkungen
1	3,00	Great Globe	Swanage, Gft. Dorset	GB	1887	Der Große Globus besteht aus 15 Kalksteinteilen u. wiegt etwa 40 t.
2	3,00	Rom-Globus	Piazzale del Impero Rom	I	1937	Er ist aus einem 37-Tonnen-Stück Carrara-Marmor hergestellt und steht am Sphärenbrunnen.
3	2,75	Steinfußball	Donbass Arena, Obl. Donezk	UA	2009	Besteht aus mehreren schwarzen u. hellen Steinteilen, ein auf einem Wasserfilm gleitender Steinfußball.
4	2,65	Erde u. Mond Skulpturen	Richmond BS US-VA	USA	2003	Steht vor Science Museum of VA. Die 26,3-t-Grand Kugel (Globus aus Impala) gleitet a. Wasserfilm.
5	2,60	Large Red Sphere	München, BL BY	D	2002	Befindet sich im s.g. Türkentor, Rest der Münchner Prinz-Arnulf-Kaserne; ist eine 25-t-Granitkugel.
6	n.b.	Steinfußball	Toyota	J	2002	Steht vorm WM-Toyota-Stadion, besteht aus Hartgesteinsteilen.
7	2,40	Steinkugel im NP CR	Costa Rica	CR	u.b.	Eigentlich sind es 300 Kugeln aus Gabbro, Sandstein, Muschelkalk (Ø: 10 cm – 2,40 m).
8	2,008	Steinfußball	Wals-Siezenheim, AT 5 - S	AT	2008	Aufgestellt ist er vorm EM-Stadion Red Bull Arena (W-S) b. Salzburg, besteht aus 32 Teilen (20 T. franz. Tarn-Granit, 12 T. Impala a. ZA); er ist hohl und wiegt 2,4 t.
9	2,00	Steinfußball	München, BL BY	DE	2006	Steht am NE Neue Messe im s.g. WM-Brunnen. Er wiegt 11,3 t, ist aus Norit, gleitet auf Wasser.
	2,00	Steinkugel	Aicha vorm Wald, BL BY	D	u.b.	Ruht vorm Firmengebäude im s.g. Kugelbrunnen d. Kusser Granit, ist aus Gneis (verm. Paradiso), gleitet auf einem Wasserfilm.
10	1,80	Weltkugel - World War II Memorial	Nashville, BS US-TN	USA	1996	Ist errichtet im Bicentennial Mall State Park, ist aus Mikrogabbro d. SSY-Materials und Wassergleiter.
	ca.	Kugelbrunnen	Opava (dt. Troppau), MS-Region	CZ	1971-1972	Befindet sich auf d. Horní náměstí. Er symbolisiert die Sonne, ist aus kreidezeitlichem Sandstein.
	1,80	Steinfußball	Eicken, MG, BL NRW	D	2010	Ist postiert am Ort der Vereins-Gründung von Borussia MG vor 110 Jahren, besteht aus Granit und wiegt etwa 10 Tonnen.

[1] Auszug aus: https://de.wikipedia.org/wiki/Liste_der_größten_Steinkugeln.

Die größten optischen Teleskope der Welt. [1]

Die Tafel nennt die größten optischen Teleskope mit einem Ø der optischen HK über fünf Metern.

Rang	Name	Ø der opt. HK [m]	Standort	H ü. MS [m]	Sponsoren	Jahr
1	Large Binocular Telescope (LBT)	2 x 8,4 = 11,8	Mount Graham, US-AZ, USA	3.267	USA, I D	2005
2	Gran Telescopio Canaris (GTC)	10,4; segmentiert	Roque de los Muchachos, La Palma, ES	2.396	ES, MEX, USA	2007
3	Keck I	10,0; segmentiert	Mauna-Kea Observatorium, US-HI, USA	4.200	USA	1993
	Keck II	10,0; segmentiert	wie Rang 3	4.200	USA	1996
5	Southern African Large Telescope (SALT)	max. 10,0; segmentiert	Karoo-Hochebene, Pr. Nordkap, ZA	1.760	ZA, USA, D, PL, NZ	2005
6	Hobby-Eberly Telescope (HET)	9,2; segmentiert	McDonald Observatory Davis Mountains, US-TX, USA	1.980	USA, D	1999
7	Subaru Telescope	8,2	wie Rang 3	4.139	J	1999
	Very Large Telescope - VLT UT 1 (Antu)	8,2	Paranal-Observatorium, Atacamawüste, CL	2.635	16 ESO-Länder	1998
	VLT UT 2 (Kueyen)	8,2	wie Rang 8, CL	2.635	16 ESO-L	1999
	VLT UT 4 (Melipal)	8,2	wie Rang 8, CL	2.635	16 ESO-L	2001
	VLT UT 3 (Yepun)	8,2	wie Rang 8, CL	2.635	16 ESO-L	2002
12	Gemini Northern Telescope	8,1	wie Rang 3, USA	4.213	USA, GB, CAN, AR, CL, AUS, BR	1999
13	Gemini Southern Telescope Inter-American Obs. Cerro	8,1	Cerro Tololo, Pachón, CL	2.740	USA, GB, Can, AR, CL, AUS, BR	2000
14	Multiple-Magnum Mirror Telescope ((MMT)	6,5	Fred-Lawrence-Whipple-Obs., US-AZ, USA	2.606	USA	2000
	Walter Baade Telescope / Magellan I	6,5	Carnegie Las Campanas-Obs.	2.380	USA	2000
	Landon Clay Telescope / 2002 Magellan II	6,5	Atacama-Wüste, CL	2.380	USA	2002
17	Big Telescope Alt-azimuthal (BTA)	6,0	Selentschuk-Obs. Rep. Karatschai-Tscherkessien, Kaukasus		RUS	1975
	Large Zenith Telescope (LZT)	6,0	Malcom Knapp Research Forest CA-BC, CAN		CAN, F, USA	2003/ 2004
19	Hale-Teleskop	5,1	Palomar-Obs., Palomar Mt., US-CA, USA	1.706	USA	1949

[1] Auszug aus: https://de.wikipedia.org/wiki/Liste_der_größten_optischen_Teleskope

Die Geschwindigkeitsweltrekorde für Schienenfahrzeuge. [1]

Die Tafel der Geschwindigkeitsweltrekorde für Schienenfahrzeuge nennt eine Auswahl der schnellsten schienengebundenen Fahrzeuge mit motorisiertem Fahrzeugantrieb und vorgegebener Fahrspur.

Rang	Speed [km/h]	Datum	Bezeichnung	Fahrzeugart	Land
1	603,0	21.04.2015	Shinkansen L0	Magnetschwebebahn	J
2	574,8	03.04.2007	TGV (V150)	Hochgeschwindigkeitszug	F
3	515,3	18.05.1990	TGV (Atlantique)	Hochgeschwindigkeitszug	F
4	486,1	03.12.2010	CRH 380A (Serienzug)	Hochgeschwindigkeitszug	CN
5	406,9	01.05.1988	InterCityExperimental	Hochgeschwindigkeitszug	D
6	381,0	26.02.1981	TGV (Nr.16)	Hochgeschwindigkeitszug	F
7	357,0	02.09.2006	ÖBB 1216050	Elektrolokomotive	AT
8	254,0	12.06.2002	Talgo XXI	spurweiten-variabler Neigezug	ES
9	238,0	1987	Intercity-125	Diesellokomotive	GB
10	230,9	21.06.1931	Schienenzeppelin	Propellerzug mit Benzin-Flugmotor	D
11	210,2	28.10.1903		Drehstromschnelltriebwagen	D
12	201,2	03.07.1938	Mallard, Kl.A4 (LNER)	Dampflokomotive	GB
13	200,4	11.05.1936	BR 05 002	Dampflokomotive	D

[1] Auszug aus: https://de.wikipedia.org/wiki/Liste_der_Geschwindigkeitsrekorde.

Die Geschwindigkeitsweltrekorde für mehrspurige Fahrzeuge. [1]

Diese Tafel der Geschwindigkeitsweltrekorde beinhaltet eine Auswahl mehrspuriger Fahrzeuge ohne vorgegebene Fahrspur mit Bodenkontakt auf fester Oberfläche sowie unterschiedlichem Antrieb. Sie basiert auf der Quelle [1] sowie auf den Einzelnachweisen 4 bis 6 dieser genannten Literaturangabe.

Rang	Speed [km/h]	Datum	Fahrzeug	Fahrer	Ort, Land	Bemerkungen
1	1.227,9 85	15.10.1997	ThrustSSC	Andy Green, RAF, UK, (*1962)	Black Rock Desert, NV, USA	strahlgetriebenes Auto, Überschallfahrzeug
2	1.190,000	17.12.1979	Budweiser Rocket	Stan Barrett, u.a. Rennpilot, (*1943), CA	Rogers Dry Lake, CA, USA	Raketenauto mit drei Rädern, inoffizieller Rekord
3	1.001,667	28.10.1970	Blue Flame	Gary Gabelich, US-Amerik. (1940-1984)	Bonneville Salt Flats, UT, USA	Raketenauto, erstes Auto über 1.000 km/h
4	737,794	18.10.2001	Turbinator	Don Vesco, US-Amerik. (1939-2002)	Bonneville Salt Flats, UT, USA	schnellstes radangetrieb. Auto mit Gasturbine
5	669,319	26.09.2008	Burklands' 411 Streamliner	Tom Burkland	Bonneville Salt Flats, UT, USA	schnellstes radangetrieb. Auto mit Verbrennungsmotor, MA
6	666,776	21.09.2010	Spirit of Rett streamliner	Charles E. Nearburg, US-Amerik. (*1950)	Bonneville Salt Flats, UT, USA	schnellstes radangetrieb. Auto mit Verbrennungsmotor, ohne MA
7	563,418	23.08.2006	JCB Dieselmax	Andy Green, RAF, UK (*1962)	Bonneville Salt Flats, UT, USA	schnellstes radangetrieb. Auto mit Dieselmotor
8	495,140	24.08.2010	Venturi Buckeye Bullet 2.5 streamliner	Roger Schroer, US-Amerik.	Bonneville Salt Falts, UT, USA	schnellstes Auto mit Elektroantrieb (Elektroauto)
9	487,433	25.09.2009	Buckeye Bullet 2.0 streamliner	Roger Schroer, US-Amerik.	Bonneville Slat Flats, UT, USA	schnellstes Auto mit Wasserstoffantrieb ü. eine Brennstoffzelle
10	435,310	26.02.2014	Hennessey Venom GT	Brian Smith, AR, (*1975)	NASA-Landeplatz (USA)	schnellster Roadster mit Straßenzulassung
11	432,700	28.01.1938	Mercedes-Benz W 125	Rudolf Caracciola RP, D, (1901-1959)	Autobahn Frankfurt-Darmstadt, D	Rekord in der HRK: zw. 5.000 u. 8.000 cm^3, höchste Geschwindigkeit auf öffentlicher Straße
12	431,100	26.06.2010	Bugatti Veyron 16.4 Super Sport	n.b.	VW-Teststrecke, Ehra-Lessin, NI, D	schnellstes radangetrieb. Auto mit Straßenzulassung
13	408,840	11.04.2013	Bugatti Veyron 16.4 Grand Sport Vitesse	Anthony Liu	VW-Teststrecke, E-L, NI, D	schnellster Roadster mit Straßenzulassung

[1] Auszug aus: https://de.wikipedia.org/wiki/Liste_der_Geschwindigkeitsrekorde.

Die größten Inseln der Erde. [1]

Die Tafel der größten Inseln der Erde enthält diejenigen, welche mehr als 30.000 km^2 groß sind.

Rang	Name	Gewässer	Fläche [km^2]	Staat
1	Grönland	Nordatlantik/ Arktischer Ozean	2.130.800	DK
2	Neuguinea	Südwestpazifik	785.753	ID/ PG
3	Borneo	Westpazifik	743.330	ID/ MY/ BN
4	Madagaskar	Indischer Ozean	586.427	MG
5	Baffininsel	Nordatlantik/ Arktischer Ozean	507.451	CAN
6	Sumatra	Indischer Ozean	443.066	ID
7	Honshū	Pazifischer Ozean	227.962	J
8	Victorialand	Arktischer Ozean	217.291	CAN
9	Großbritannien	Nordatlantik	216.777	UK
10	Ellesmereland	Arktischer Ozean	196.236	CAN
11	Sulawesi (Celebes)	Westpazifik	174.600	ID
12	Neuseeland Südinsel	Südpazifik	151.215	NZ
13	Java	Indischer Ozean	126.650	ID
14	Neuseeland Nordinsel	Südpazifik	113.729	NZ
15	Neufundland	Nordatlantik	108.860	CAN
16	Luzon	Pazifischer Ozean	104.688	PH
17	Kuba	Karibisches Meer	104.556	CU
18	Island	Nordatlantik	102.819	IS
19	Mindanao	Pazifischer Ozean	94.630	PH
20	Irland	Nordatlantik	84.421	IE/ UK
21	Hokkaidō	Pazifischer Ozean	77.981	J
22	Hispaniola	Karibisches Meer	73.929	DO/ HAT
23	Sachalin	Pazifischer Ozean	72.493	RUS
24	Banksland	Arktischer Ozean	70.028	CAN
25	Sri Lanka	Indischer Ozean	65.268	LK
26	Tasmanien	Indischer Ozean	64.519	AUS
27	Devon Island	Arktischer Ozean	55.247	CAN
28	Alexander-I.-Insel	Bellingshausen-See (Antarktis)	49.070	kein
29	Nowaja Semlja NI	Arktischer Ozean	48.904	RUS
30	Feuerland	Südatlantik	47.992	AR/ CL
31	Berkner-Insel	Südlicher Ozean (Antarktis)	43.873	kein
32	Axel Heiberg Island	Arktischer Ozean	43.178	CAN
33	Melville Island	Arktischer Ozean	42.149	CAN
34	Southampton Island	Arktischer Ozean	41.214	CAN
35	Marajó	Amazonas-Mündung	40.145	BR
36	Westspitzbergen	Arktischer Ozean	39.044	NOR
37	Kyūshū	Pazifischer Ozean	36.737	J
38	Taiwan	Pazifischer Ozean	35.801	TW
39	Neubritannien	Südwestpazifik	35.145	PG
40	Prince of Wales Island	Arktischer Ozean	33.339	CAN
41	Nowaja Semlija Südi.	Arktischer Ozean	33.275	RUS
42	Hainan	Südchinesisches Meer	33.210	CN
43	Vancouver Island	Pazifischer Ozean	31.285	CAN

[1] Auszug aus: https://de.wikipedia.org/wiki/Liste_der_größten_Inseln_der_Erde.

Deutschlands zwanzig größte Inseln. [1]

Diese Tafel nennt die 20 größten deutschen Meeresinseln von der Nordsee sowie der Ostsee.

Rang	Insel	Gewässer	Bundesland	Landkreis	Fläche [km²]
1	Rügen	Ostsee	MV	Vorpommern-Rügen	926,0
2	Usedom[1]	Ostsee	MV	Vorpommern-Greifswald	373,0
3	Fehmarn	Ostsee	SH	Ostholstein	185,4
4	Sylt	Nordsee	SH	Nordfriesland	99,2
5	Föhr	Nordsee	SH	Nordfriesland	82,9
6	Pellworm	Nordsee	SH	Nordfriesland	37,4
7	Poel	Ostsee	MV	Nordwestmecklenburg	34,3
8	Borkum	Nordsee	NI	Leer	30,7
9	Norderney	Nordsee	NI	Aurich	26,3
10	Amrum	Nordsee	SH	Nordfriesland	20,4
11	Langeoog	Nordsee	NI	Wittmund	19,7
12	Ummanz	Ostsee	MV	Vorpommern-Rügen	19,6
13	Spiekeroog	Nordsee	NI	Wittmund	18,2
14	Hiddensee	Ostsee	MV	Vorpommern-Rügen	16,7
15	Juist	Nordsee	NI	Aurich	16,4
16	Langeneß	Nordsee	SH	Nordfriesland	11,6
17	Norderoogsand	Nordsee	SH	Nordfriesland	9,4
18	Wangerooge	Nordsee	NI	Friesland	7,9
19	Baltrum	Nordsee	NI	Aurich	6,5
20	Hooge	Nordsee	SH	Nordfriesland	5,9

[1] Die Gesamtfläche dieser Insel beträgt 445,0 km² (Anteil: Deutschland 373 km²; Polen km².

[1] Auszug aus: https://de.wikipedia.org/wiki/Liste_deutscher_Inseln.

Abkürzungen.

a	Größensymbol für Jahr
AE	LC Vereinigte Arabische Emirate
AFC	Asian Football Confeseration
AL	LC US_BS Alabama .
AM	LC Armenien
AR	LC Argentinien
AS	Asien
AT	LC Österreich
AU-NSW	LC AUS-Prov. New South Wales
AU-VICLC AUS-Victoria	
AU-QLD	LC AUS-BS Queensland
AUS	LC Australien
AZ	LC Aserbaidschan.
	LC US-BS-Arizona
Az	Anzahl
BA	LC Bahrain; American Bridge Company
BE	LC Belgien
BL	Bundesland
BN	LC Brunei
BR	LC Brasilien
BR-BA	LC Bahia
BR-PA	LC BR BS Parà
BRZ	Bruttoraumzahl (dimensionslose Zahl)
Br.	Brücke, Bridge
BS	Bundesstaat
BTA	Big Telescope Alt-azimuthal
BY	LC BL Bayern
BW	LC BL Baden-Württemberg
C.	Center, City, Canyon
CA	LC US-BS Kalifornien
CA-BC	LC CAN-Prov. British Columbia
CA-NL	LC CAN-Provinz Neufundland und Labrador
CA-ON	LC CAN-Provinz Ontario
CA-QC	LC CAN-Provinz Québec
CAF	Confédération Africaine de Football
CAN	LC Canada
CD	Demokratische Republik Kongo
CERN	European Organization for Nuclear Research
CH	LC Schweiz
CI	LC Elfenbeinküste
CITIC	China International Trust and Investment Corporation
CN	LV China (VR China)
CFST	Concrete Filled Steel Tubes
CL	LC Chile
CO	LC US-BS Colorado,
CO, COL	LC Columbien
CONCACAF	Confederation of North and Central American and Caribbean Association Football
CONMEBOL	Confederación Sudamericana de Fútbol
CR	LC Costa Rica
CRH	China Railways Highspeed
CT	Katalonien (Cataluña)
C.-Prov. City-Provinz bzw. Stadt-Provinz	
CTBUH Council on Tall Building and Urban Habitat	
CU	LC Kuba
CZ	LC Tschechien
D	Dicke
D, DE	LC Deutschland

Dept., Dpt.	Département Seine-Saint-Denis
DF	MX Bundesdistrikt Distrito Federal
DK	LC Dänemark
DO	LC Dominikanische Republik
EB	Eisenbahn
EB-Br.	Eisenbahnbrücke
EE	LC Estland
EG	LC Ägypten
ES-CT	LC ES-Katalonien
ET	LC Äthiopien
ESO	European Southern Observatory
ESO-Länder	(16 Mitgliedsländer: AT, BE, BR, CZ, DK, FI, F, D, I, NL, PL, PT, ES, S, CH, UK)
FB	Flugbewegungen
FI	LC Finnland
FIFA	Fédération Internationale de Football Association
FL	LC US-BS Florida
FR	LC Frankreich
FR-93	LC FR-Dept. 93, Département Seine-Saint-Denis
FS	Fertistellung bzw. Eröffnung
SCT	LC Schottland
GA	LC US-GA Georgia
GB-ENL	LC Großbritannien - England
GB-SCT	LC Großbritannien – Schottland
GB-YKS	LC Traditionelle Grafschaft Yorkshire im UK
GE	LC Georgien
Geb.	Gebirge
Gft.	Grafschaft
GG	Glockengießer
GL	Gesamtlänge
Gouv.	Gouvernement
GT	LC Pr.-Gauteng
GTC	Gran Telescopio Canaris
GWR	Geschwindigkeitsweltrekord
H	Höhe
HAT	LC Haiti
HD	Hauptstadtdistrikt
HET	Hobby-Eberly Telescope
HGES	Hochgeschwindigkeits-Eisenbahnstrecke
HI	Hauptinsel
HR	LC Kroatien
HK	LC Hongkong, Hauptkomponente (z.B. Ø der Optik bei Teleskopen)
HL	Highlands
IATA	International Air Transport Association
i.B.	im Bau
ICAQ	International Civil Aviation Organization
ID	LC Indonesien
IE	LC Irland
IL	LC Israel
IN	LC US-BS Indiana
IND	LC Indien
i.P.	in Planung
IR	LC Iran
IT	LC Italien
IT-25	LC IT-Region Lombardei
IT-78	LC IT-Region Kalabrien
J	LC Japan
JBC	Unternehmen: JC Bamford Excavators Limited, Begründer: Joseph Cyril Bamford (1916-2001)

Jh.   Jahrhundert
JO   LC Jordanien
Jt.   Jahrtausend
KE   Kenia
Kl.   Klasse (Schiffsklasse)
KH   LC Kambodscha
KP   LC Nordkorea
KR   LC Südkorea
Kt., Ktn.Kanton
KW   LC Kuwait
KY   LC US-BS Kentucky
KZ   LC Kasachstan
m   Meter
MO   LC US-BS Missouri
LA   LC US-BS Louisiana, Los Angeles
LB   LC Libanon
LBT   Large Binocular Telescope
LC   Landescode
LH   Lichte Höhe
LK   LC Sri Lanka
LNER   London and North Eastern Railway
LT   LC Litauen
LV   LC Lettland
M   Monte
MA   LC US-BS Massachusetts, Motoraufladung
MD   LC US-BS Maryland
MG   LC Madagaskar   , Mönchengladbach
MM   LC Myanmar
MMT   Multiple/Magnum Mirror Telescope
MS   Mittelsibirien
MS-Reg.   Mährisch-Schlesische Region
MSPW   Mittelspannweite
Mt.   Mountain
MX, MEX   LC Mexiko
MX-DUR   LC BS MX-DUR, Durango
MY   LC Malaysia
MZ   LC Mosambik
N   Norden
NA   Nordamerika
n.b.   nicht benannt
NE   LC US-NE Nebraska, Nordeingang
NFL   National Football League
NJ   LC US-BS New Jersey
NL   LC Niederlande
NOR   LC Norwegen
NO-12   LC NOR-Prov. Hordaland
NO-18   LC NOR-Prov. Nordland
NP   Nationalpark
NRW   LC BL Nordrhein-Westfalen
N.-Str.   Nationalstraße
NV   LC US-BS Nevada
NY   LC US-BS und Stadt New York
NYC   New York Center, New York City
NZ   LC Neuseeland
o.A.   ohne Angabe
O   Osten
OAF   Ostafrika
OCN   Ostchina

OD	Oberdeck
OFC	Oceania Football Confederation
OH	LC US-BS Ohio
OK	LC US-OK Oklahoma
OR	LC US-BS Oregon
ÖBB	Österreichische Bundesbahnen
PA	LC US-BS Pennsylvania
PAN	LC Panama
PE	LC Peru
PG	LC Papua-Neuguinea
PH	LC Philippinen
PK	LC Pakistan
PR	Puerto Rico
PT	LC Portugal
PY	LC Paraguay
RA	Ravenna (I)
RAF	Royal Air Force
Ren.	Renaissance
Rep.	Republik
RO	LC Rumänien
PG	LC Papua-Neuguinea
RS	LC Serbien
Präf.	Präfektur
Prov. bzw. Pr.	Provinz
PT	LC Portugal
RUS	LC Russland
QLD	LC Queensland
S	Schiene, Süden, BL Salzburg (AT 5)
SA	LC Saudi-Arabien, Südamerika,
SAF	Südafrika
s.g.	so genannt
SOAF	Südostafrika
SOAS	Südostasien
SC	LC US-BS South Carolina
SCN	Süd-China
SD	LC US-BS South Dakota
SE	LC Schweden
SFS	Schnellfahrtstrecke
SH	LC BL Schleswig-Holstein
SI	LC Slowenien
SK	LC Slowakei
SLB	Start- und Landebahn
SSC	SuperSonic Car
SWCN, SWC	Süd-West China
SOCN, SOC	Süd-Ost China
Sp.	Spur (l. Sp.; r. Sp.)
Str.	Straße
SPW	Spannweite
SSY	Material (Mikrogabbro) besonders schwarzer Granit
SYR	LC Syrien
T.	Teile
Talgo	Tren articulado ligero Goicoechea Oriol
TGV	train à grande vitesse: fr. Hochgeschwindigkeitszug
TH	LC Thailand
ThrustSSC	ThrustSuperSonic Car (schubkraftgetriebenes Überschallfahrzeug)
TJ	LC Tadschikistan
TN	LC US-BS Tennessee
TR	LC Türkei

TSP	Talsperre
TW	LC Taiwan
TZ	LC Tansania
UA	LC Ukraine
UD	Unterdeck
UEFA	Union of European Football Associations (Europa, Kaukasus, Israel)
UG	LC Uganda
UK	LC United Kingdom (dt.: Vereinigtes Königreich, Langform Vereinigtes Königreich Großbritannien und Nordirland)
USA	LC Vereinigte Staaten von Nordamerika
UT	LC US-BS Utah
VA	LC US-BS Virginia, LC Vatikanstadt bzw. Staat der Vatikanstadt
VE	LC Venezuela
VE-F	LC BS Bolívar
VS	Ktn.-Kürzel Wallis
W	Westen
WA	LC BS Washington
WI	LC US-BS Wisconsin
WKP	Wasserkraftprojekt
WKW	Wasserkraftwerk
WM	Weltmeisterschaft
WV	LC US-BS West Virginia
ZA	LC Südafrika
ZCN	Zentralchina
ZM	LC Sambia
ZRL	Zentralrussland
ZU	LC Usbekistan
ZW	LC Simbabwe

Abstract.

Das vorliegende Werk beinhaltet eine Sammlung von Daten folgender ausgewählter Themen:

die ältesten Kirchen der Welt, längsten und größten Kirchen, größten Kuppeln ihrer Zeit, 20 größten Glocken, größten Millionenstädte, Metropolregionen, 25 höchsten Bauwerke, 25 höchsten Gebäude, höchsten bestehenden Bürogebäude, 25 höchsten Wohngebäude, zehn höchsten Hotels, 50 höchsten Fernsehtürme, 20 längsten Brücken, 25 längsten Hängebrücken, 25 größten Auslegerbrücken und Bogenbrücken, höchsten gebauten Brücken ab 200 m Höhe, bestehenden längsten Tunnelbauwerke, größten Stauseen, höchsten Talsperren ab 240 Meter Höhe, größten Wasserkraftwerke, 25 größten Kreuzfahrschiffe, 40 größten Stadien, zehn größten Fußballstadien, größten Skisprung-Großschanzen, Rangfolge der Skiflugschanzen, größten Normalschanzen, Verkehrsflughäfen – Großflughäfen, 40 höchsten Achterbahnen, größten bestehenden Statuen mit mehr als 50 m Höhe, geplanten höchsten Statuen ab 45 m Höhe, größten Monolithen (im Steinbruch: transportierte, kranbewegte, aufgerichtete, emporgehievte), größten Steinkugeln, optischen Teleskope, Geschwindigkeitsweltrekorde für Schienenfahrzeuge und mehrspurige Fahrzeuge, größten Inseln sowie Deutschlands 20 größte.

BEI GRIN MACHT SICH IHR WISSEN BEZAHLT

- Wir veröffentlichen Ihre Hausarbeit,
  Bachelor- und Masterarbeit

- Ihr eigenes eBook und Buch -
  weltweit in allen wichtigen Shops

- Verdienen Sie an jedem Verkauf

Jetzt bei www.GRIN.com hochladen
und kostenlos publizieren